制度变革

城市规划管理的效能之路

邓小兵　车乐　著

华南理工大学出版社

SOUTH CHINA UNIVERSITY OF TECHNOLOGY PRESS

·广州·

图书在版编目（CIP）数据

制度变革：城市规划管理的效能之路/邓小兵，车乐著. —广州：华南理工大学出版社，2018.11
ISBN 978 - 7 - 5623 - 3987 - 8

Ⅰ.①制… Ⅱ.①邓… ②车… Ⅲ.①城市规划 – 城市管理 – 中国 Ⅳ.①TU984.2

中国版本图书馆 CIP 数据核字（2013）第 163155 号

制度变革——城市规划管理的效能之路

邓小兵 车 乐 著

出 版 人：**卢家明**

出版发行：华南理工大学出版社

（广州五山华南理工大学 17 号楼，邮编 510640）

http：//www.scutpress.com.cn E-mail：scutc13@ scut.edu.cn

营销部电话：020 - 87113487 87111048（传真）

责任编辑：**王 磊**

印 刷 者：佛山市浩文彩色印刷有限公司

开 本：787mm×960mm 1/16 **印张：**11.75 **字数：**241 千

版 次：2018 年 11 月第 1 版 2018 年 11 月第 1 次印刷

定 价：45.00 元

目 录

第 1 章 ｜ 导论

1.1　研究缘起

1.1.1　现实问题：城市规划管理"失效"

随着我国计划经济向市场经济转型，城市规划管理由一项技术工作逐步向调控经济社会关系的政策手段转变，社会各界对城市规划工作效能的意见比任何时候都更为尖锐，这突出表现在许多城市的规划部门在政府管理绩效测评与政府部门满意度的社会评议中排名落后。

作为政府行政管理的重要内容以及城市统筹全局的谋划安排，政府领导对城市规划管理的效能不满意。他们认为规划滞后于城市社会经济发展的新要求，对新情况、新问题缺乏及时的研究，一些新现象、新问题在规划中找不到解决的方案，进而不能为领导决策提供充分的依据，起不到参谋作用，不能有效指导城市建设；违法违章建设众多，不能有效控制规划实施并引导城市形成良好风貌。

作为调控市场经济中各经济主体（包括政府管理部门）之间利益博弈的手段，各投资主体对城市规划管理的效能不满意。他们指责规划僵化、灵活性不够，对市场研究不充分，土地开发的管理规则确定不合理，依据不足，时效性欠缺。

作为保障公共利益和公平民主的社会服务和监管机制，社会团体和公众对城市规划管理的效能不满意。他们经常指责规划考虑问题不周到，公共服务配套设施不全、绿地缺少、交通拥挤、群众生活不方便；拆迁改造过于重视经济利益，造成房价虚高，中低收入人群住房失去保障，一定程度上形成了社会隔离；缺少统筹规划，重复开挖建设浪费严重。在不直接涉及自身利益时，社会团体和公众会批评规划不够超前，没有大手笔；而在涉及自身利益时，他们又批评规划不切实际，群众利益考虑不够等。

1.1.2　目标导引：《中华人民共和国城乡规划法》施行

《中华人民共和国城乡规划法》（以下简称《城乡规划法》）确立了规划管理效能优化的目标方向，它的颁布建立了我国城乡规划新制度的法制框架，带来城乡规划体系内外制度环境的革新①，作为城乡规划法律精神的体现，其具有明

---

① 外部环境上，进一步加强了与国家社会经济发展、土地、环保等专项规划的对接与协调；内部环境上，带来了城乡规划编制、审批、监督检查等制度的调整与革新。

显的公共政策性质，目的是协调各阶层各社会团体之间的利益、维护公共利益、提供公共服务，这也成为城乡规划管理效能优化的价值目标。

《城乡规划法》要求我们重审规划管理制度设立的原则和视角，即不仅仅是从行政方而是从行政方和行政相对方相互关系的角度去理顺规划管理制度，保障制度正义性，强调运行秩序性，强化整体时效性。《城乡规划法》的立法中除了重视实体正义外，更强调法定程序的完善，从而确保城乡规划编制的科学性与合理性，通过程序正义（例如公众参与过程法制化）来确保实体正义（实现公共利益）。关于强调规划管理运行的秩序性，这一方面是指科学决策能切实有效地执行，并有监督环节对决策和执行管理进行修正，而且执法必严、违法必究。另一方面规划要长期稳定，不得随意修改，防止出现规划随领导更替或部门利益而不断修改的情况，增加规划的严肃性与法律性[①]。关于强化规划管理的时效性，《城乡规划法》规定规划许可审批过程以及竣工验收过程的时限，对违反时限的行政主体与行政相对方依法给予处分，通过对时效的管理来保证规划实施管理的高效。

向现代行政法转变的《城乡规划法》作为规划管理工作依法行政的依据，确立了规划管理制度设计的基本范畴，确定了规划编制、审查、修改、审批、监督的主体，考虑了行政相对人的利益，规范了城乡规划管理的相应程序，明确了相关的法律责任这些核心内容。总体而言，其涵盖了顺应行政改革趋势、与国际规划管理体制框架接轨，是能实现较高管理效能的制度框架[②]。但是作为城乡规划领域的主干法，其本身呈现纲领性和原则性的特征，主要作用是确立城乡规划与建设的基本法制框架。作为依法行政保障的规划管理制度，需要对《城乡规划法》所规范与调整的内容在效能目标的指引下给予落实与深化。

1.1.3　理论思考：制度改良可否优化管理效能

城市规划管理行为是政府管理行为的组成部分，规划管理的改革与创新不仅仅是其组织发展和完善的要求，同时也应符合政府管理体系总体发展的趋势与要求。关于政府的行政管理改革，业界已达成的共识是：行政效能的价值提升已成为公共行政理念创新与制度重构的内在动力，而树立行政效能为政府行政改革的

---

① 这体现在涉及城乡规划修改的条文中。

② 虽然与西方各国的法制框架相比较，我国的《城乡规划法》行政法的特点更为突出，规范的主要是上下级行政主体之间、行政方与行政相对方之间的关系责任及违法处理，但没有涉及诉讼；《城乡规划法》规定了我国城乡规划编制、审查、修改、审批、监督的主体都是行政机关，社会公众及国家权力机关（人大）存在一定的话语权及审议权，但没有措施保障规划管理的强制实施，因此在一定意义上，其形式意义高于实质意义，无法确定规划管理是否能真正体现其公共政策的特性。

核心价值观，是协调和均衡政府改革多元化内在矛盾的基础①。就规划管理自身而言，针对城市规划管理效能不足的问题，建设部于 2005 年 9 月、2008 年 5 月两次下达《关于开展城乡规划效能监察工作绩效考核的通知》，效能优化已经成为城市规划管理改革的重要目标和制度重构的内在动力②。

从制度的基本作用来看，其主要包括降低交易成本、减少不确定因素、为合作创造条件和提供激励机制四个方面。良好的制度环境与制度设计能够帮助人们形成合理的预期，降低市场中的不确定性，抑制人的机会主义倾向，从而降低交易成本，规避管理失效。针对现行城市规划管理制度的缺陷进行优化设计，通过制度约束和引导管理者的行为，建立高效的办事程序，有可能达到提升城市规划管理效能的目标。

1.2 研究意义

我国既处于城市化加速发展与变革的重要战略机遇期，又面临经济社会深刻变革与转型的各类矛盾多发期和关键期，因此也正是城市规划管理最需改革、创新和突破的时期，有关规划管理改革的研究文章散见于各专业刊物，学术界和实践界都对这一领域的研究充满期待。从近年城市规划理论和实践的发展来看，效能已成为出现最频繁的关键词之一，它对推进依法行政、加强规划管理、提高工作效率、促进廉政建设、树立规划行政机关良好形象具有十分重要的意义。因此，与我国行政管理制度改革相接轨，通过制度创新推动规划管理效能建设是极为必要的，也是切实可行的。

对效能型城市规划管理制度的研究，既需要理论上的综合分析和研究能力，从经济、社会、法制、行政、技术等多个方面入手展开，同时，这又是一个实践性很强的课题，需要研究者有从事规划管理的实践经验和背景，对当今中国乃至世界规划管理工作的整体发展状况和态势、当下的问题和成因、政策的走向和趋势等有一个总体的认识把握，还要对地方城市的规划管理有一定的了解。基于这样的原因，相对于城市规划的其他问题，对这一学术问题的研究是一个相对比较薄弱的研究领域，有待于进一步挖掘、拓展和推进。

本研究的重要意义在于将新制度经济学、公共管理学、公共行政学和行政法

---

① 毛昭晖等学者（2007）指出，西方各国掀起的公共行政改革浪潮，对中国公共行政改革的理念、框架与路径都有一定的影响。尽管各国的改革模式不尽相同，做法和手段也各有特点，但是它们的一个共同之处就是把提高政府管理的质量和效能作为公共行政改革的重要目标，通过政府管理方式变革，提高公共部门的质量与效率，优化政府组织结构。

② 行政效能是各种政府形态的本质属性，不同政府模式的价值观、任务和成功的决定因素虽然有很大差异，然而都贯彻这一个内在逻辑：效能导向。毛昭晖等学者（2007）指出，"行政效能的价值提升将成为公共行政理念创新与制度重构的内在动力，而树立行政效能为政府行政改革的核心价值观，是协调和均衡政府改革多元化内在矛盾的基础。"

学等理论引入城市规划管理研究，借鉴多学科的研究方法与相关研究成果，建立制度设计与规划管理效能之间的联系，探索通过改革规划管理制度以优化规划管理效能的方法论，并以此指导市场经济背景下的规划管理实践；明确规划管理效能的内涵，构建规划管理体制改革的框架，初步形成有体系的、有利于优化规划管理效能的制度模式和实施机制，从而实现城市规划管理的整体高效能。

同时，遵循"从实践中来，到实践中去"的认识论原则，针对规划管理实际案例中的失效现象及其深层次根源，对城市规划决策管理制度、许可管理制度、实施管理制度以及规划管理体制进行了全面梳理，完成了设区市一级政府效能型城市规划管理制度的范式设计并开展试验。更重要的是，希望通过笔者的努力和尝试，为其他城市规划管理制度的创新和完善提供参考，规避规划管理的低效和失效，优化规划管理的效能。

1.3　研究范畴的界定

中国城市规划核心制度安排主要有城市规划编制制度、城市规划审批制度、城市规划实施管理制度、城市规划教育制度和城市规划科学研究制度。① 城市规划管理制度是规划制度的重要组成部分，也是政府行政管理制度的重要组成部分。在本研究中，从城市规划管理实践的需要和规划法对规划业务的相关规定出发，主要对应城市规划编制制度、城市规划审批制度和城市规划实施管理制度的内容。城市规划管理制度的完善，除了其自身层面的调整，更重要的是实现与其他相关制度相匹配，形成一个相对完整而协调的制度体系。

由于制度同时包含"体制"和"机制"的含义，因此，本书所指的规划管理制度，既包含规划管理体制，即规划管理机构的设立及其责权，关系到"谁来做"和能够"做什么"的权力；也包含规划管理机制，即规划管理运作过程中涉及做事的规则，如程序、标准、原则，使在管理体制决定"谁（机构、岗位）""做什么"的基础上，进一步决定"如何做"。

从规划管理的层次上看，国家、省、市、县都设置有相应的规划管理机构，依据相关管理制度履行相应职责。需要说明的是，本书选取设区市一级规划管理制度作为研究范畴，这是因为，设区市级政府在中国政府体系中属于承上启下的一级政府，是整个行政网络中的关键节点。城市规划和建设固然需要中央、省级政府宏观决策和制度框架的指导，但直接左右实施和操作的管理行为更多地集中于市级政府及其规划行政主管部门，因此，市一级政府的规划管理制度在相当程度上反映了中国地方政府规划管理的特点，具有典型性和关键性。另外，笔者较

---

① 王洪. 中国城市规划制度创新研究 [D]. 南京：南京大学，2004. 同济大学的高中岗指出，城市规划制度包括城市规划编制技术制度、城市规划行政管理制度、城市规划实施管理制度、城市规划法制制度。

长时间从事规划管理工作，并有在设区市级政府规划职能部门负责规划工作的经验，对市一级政府规划管理制度的作用和问题有切身的体会和了解，对其运作模式和体制问题一直保持着思考的热情和研究的兴趣。

1.4 研究方法和本书框架

1.4.1 研究方法

1.4.1.1 以问题为导向的方法

本书采取以实际问题为导向，即结合自己的工作实践和案例的实证分析，对规划管理过程中的问题进行反思，建立起认识问题、分析问题、解决问题的思路。在认识问题的层面上，对现行城市规划管理制度的管理体制、运行模式和实施机制进行效能分析，追寻剖析矛盾背后的本质和根源；在分析问题的层面上，综合运用新制度经济学的理论框架，将规划管理制度纳入制度研究的范畴，从而对其进行更为本质的观察和诠释；在解决问题的层面上，参考国内外规划管理制度设计的成功经验，在对制度环境深入剖析的基础上，借鉴相关学科的前沿理论，探索效能型规划管理制度的设计策略。

1.4.1.2 实证研究与规范研究相结合的方法

实证研究即同事实相关的分析，它不但要能够反映或解释已经观测到的事实，而且还要能够对有关事务未来将会出现的情况做出正确的预测。而规范研究则同价值标准的选择有关，它以一定的价值判断为基础，提出某些标准作为分析处理问题的指南，形成得出结论的依据。本研究选取案例城市作为研究平台，解析城市规划管理制度在运行过程中存在的影响效能的核心问题，在新制度经济学、新公共管理理论、行政法学理论基础上总结形成自己的价值判断，再结合国内外各城市的实例，对市一级城市未来可行的规划管理制度变革提出自己的建议。

1.4.1.3 多元学科交叉研究的方法

基于该选题所涉及学科的广泛性，在研究过程中综合运用行政效能理论、公共行政和行政法学理论、新制度经济学理论（交易费用理论、制度变迁理论、公共物品理论）以及新公共管理理论（"多中心理论"、绩效管理理论）等多元学科的成果，期望能够借助多角度的分析工具，丰富上述思考的深度和维度。

1.4.1.4 动态研究与静态研究相结合的方法

效能型城市规划管理制度的构建和完善是一个动态过程，是与时俱进的发展过程。由于发展的外部和内部制度环境总是在不断变化，采用动态分析方法才能把握变化的特征与发展趋势，才能客观地揭示内在的联系。同时，在一定的发展阶段，城市规划管理制度的建设和运行又具有稳定性的特征，在城市发展和城市化进程的每一阶段中，制度的基本结构和运行机制又会相对稳定。因此，相对静态地分析一定时期的制度设计也是十分必要的。

1.4.2 本书框架

本研究的核心问题可以概括为：在规划管理实际工作中，屡屡暴露出管理效能不高甚至管理失效的现象，在现有的制度环境下，如何通过制度设计弥补其中的不足，优化规划管理的效能？基于此，本书的研究内容主要包括八章四部分，其研究技术路线图如图1–1所示。

第1章：全书的绪论部分。介绍课题研究的背景与意义，界定本书的研究范畴，确定研究视角、研究方法和框架结构。

第2章：本章为基础研究，即作为进一步展开本书核心内容的前提性和背景性研究。这包括以管理效能优化理论和制度设计理论为核心的基础理论研究，以及新中国成立以来我国城市规划管理制度演化历程，此外，还有对国内外旨在效能优化的规划管理制度再造研究述评。

第3章：本章在文献综述的基础上，清晰界定本书的研究问题，从规划管理效能评价准则、破解规划管理制度缺陷、效能优化的制度对策等方面建构了效能型规划管理制度设计的理论框架。

第4～6章：这三章旨在对效能型规划决策管理、行政许可管理、实施管理等分制度设计进行探讨。在理论框架的指导下，应用制度分析的视角沿如下层面展开：①比对效能评价准则，对现行城市规划决策管理、许可管理、实施管理过程进行效能评价；②通过影响规划管理效能的制度要素分析，找出现行规划管理在决策、许可、实施过程中的制度缺陷；③综合运用新制度经济学、新公共管理学、公共行政与行政法学的手段与方法，在理论层面探讨制度优化策略；④效能型规划管理分制度的范式设计。

第7章：整合性制度设计。在既定的制度环境框架下，在对现行规划管理体制模式效能评价的基础上，遵循制度整合策略，对分体系最优化制度进行整合性体制设计，对效能型规划管理体制框架进行探讨。

第8章：全书的总结。本章概括全书在规划管理制度研究中提出的一些具有新意的观点，总结本书的研究框架和分析方法，为效能型城市规划管理制度的落实提出若干建议和意见，展望今后需要进一步研究的问题。

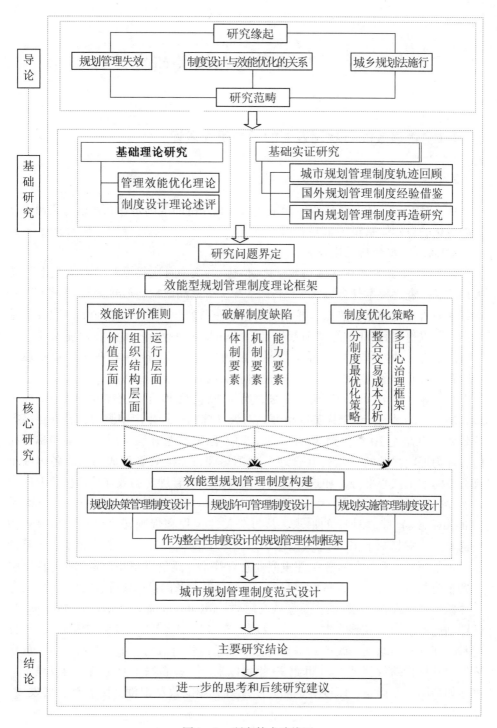

图 1-1 研究技术路线图

第 2 章 | 基础理论和相关研究述评

2.1 管理效能与规划效能的相关研究述评

2.1.1 管理效能的相关研究述评

什么是管理效能？其核心内涵是什么？其评价的准则是什么？这对我们构建效能优化的目标体系至关重要。

2.1.1.1 国外研究述评

自 1887 年威尔逊在其《行政学之研究》一文中首次将提升"行政效率"视为行政学研究之根本任务以来，"行政效率""提高政府行政绩效"便成为行政学专家们研究的重点和热点，并相继产生了一系列的理论。绩效管理①起源于企业界，可以追溯到 20 世纪初期泰勒（Frederick W. Taylor）《科学管理原理》中的时间研究、动作研究与差异工资制。法约尔（Henry Fayol）在《工业管理与一般管理》这本著作中把这种绩效管理从工商企业推广到各种人类组织。绩效管理与绩效评估运用到政府管理中来，始于 20 世纪 50 年代美国联邦政府的绩效预算制度，20 世纪 60 年代英国也开始对公共部门进行生产率测定，旨在提高行政效率。20 世纪 70 年代到 80 年代末，西方国家普遍开展了以经济学和私营部门管理为理论基础的"新公共管理"改革热潮，使绩效管理成为西方各国改革议程中的一个核心部分。在这一时期，政府的绩效管理与绩效评价的价值取向由单纯追求效率而发展为对经济（Economy）、效率（Efficiency）、效益（Effectiveness）即"3E"的追求，从过分关注过程和规则转为对行政结果和输出的关注。它起源于 1978 年英国撒切尔夫人上台执政推行的激进的政府改革计划。玛格丽特·撒切尔首相把注重商业管理技术、竞争机制和顾客志向等原则引入到新公共政治管理中，从而掀起了对传统公共行政的彻底扬弃。之后，在美国，克林顿政府开始了大规模的"重塑政府运动"（Reinventing Government Movement），试图创造一个"少花钱多办事"的政府，并坚持顾客导向、结果控制、简化程度和一削到底的原则，改革的基本内容涉及精简政府机构、裁减政府雇员、放松管制以及推行绩效管理。20 世纪 90 年代以来，一些新兴工业化国家及发展中国家，如韩国、菲律宾、印度等也加入了绩效管理的改革浪潮。随着社会的发展、

---

① 本研究的目的是优化管理效能，绩效管理与绩效评价的目的也是优化管理效能，它们在本质上是一致的。

公民民主意识的日益增强，这一阶段政府的绩效管理与评价不仅关注经济、效率及效益，而且更加侧重政府提供公共服务的质量以及公众的满意度，强调对社会公众需求的回应力，重视管理活动的产出、效率与服务质量，这些都体现了服务和顾客至上的管理理念。

在理论层面，国外对政府绩效的研究主要在以下几方面。关于管理效能在公共管理中重要性的认识：20 世纪 70 年代，凯特尔（Donald F. Ketel）指出，政策执行研究将问题的焦点由组织，特别是由结构与过程转移到公共项目及其所产生的结果上，绩效管理问题成为公共行政中人们所关注的焦点问题。胡德（C. Hood）认为政府管理应以市场或顾客为导向，实行绩效管理，提高服务质量和有效性，以及界定政府绩效目标、测量与评估政府绩效。伊莎贝尔·科特里尔（Isabel Corte Real）提倡，可以通过"关注新的角色和目标，即公民导向型的公共服务的自主与责任、弹性管理和绩效考评"为公共服务的相关问题提供解决问题的方法。经合组织公共管理委员会认为，公共管理的新范式出现了，旨在不太集权的公共部门中培养绩效取向的文化。马克·G. 波波维奇（Mark G. Popovich）认为，政府改革成功的关键在于提高政府绩效。

在关于政府绩效管理与评估内涵的研究方面：戴维·奥斯本（David Osborne）、特德·盖布勒（Ted Gaebler）认为政府绩效管理就是改变照章办事的政府组织，谋求有使命感的政府，谋求以结果为导向，改变以过程为导向的控制机制。詹姆斯·Q. 威尔逊（James Q. Wilson）的观点更加明晰，他认为政府绩效评估意味着建立一种"以取得结果而不是以投入要素作为判断政府公共部门的标准"的制度。1993 年，美国政府颁布和实施了《政府绩效与成果法》（GPRA），提出进行政府绩效管理的目的在于提高公共服务质量，建立和发展公共责任机制，提高社会公众的满意程度，改善公众对政府的信任。该法强调了结果，把政府绩效评估界定为政府官员对结果负责，而不仅仅是对过程负责，其目的在于充分调动和发挥公务员的积极性和主动性。库普尔认为，政府绩效管理与评估是一种市场责任机制，其含义概括为：一是经济学的效率假设；二是采取成本收益的分析方式；三是按投入和产出的模式来确定绩效目标，注重的是对产出的评估；四是以顾客满意基础来定义市场责任机制。约瑟夫·斯蒂格利茨（Joseph E. Stiglitz）从经济学的视角分析政府及政策失效的源头在于信息不完全、官员动机以及难以预期的私人部门对政府计划的反应，基于政治权力自动扩张效应，政府投入愈多、管理愈多、效率损失愈大，因此，政府绩效管理的导向是向政府部门引入市场机制。阿尔蒙德（Almond）认为，政府绩效管理与评估的价值取向应当主要包括四个变量：政府能力（权力）、人民参政情况（民主化）、经济增长（财富）、分配（福利）。

在关于政府绩效评估的构建和实施方面，1997 年美国公共生产力研究中心出版的《地方政府绩效评估简要指南》提出评估的四大类指标：生产力、效果、质量和及时。欧盟一些成员国专家组成的公共服务创新小组推出了使用不同部门和环境的通用评价框架（CAF），包括领导力、战略与规划、人力资源管理、伙伴关系与资源、流程与变革管理七项促进要素以及员工结果、顾客（公民）结果、社会结果、关键绩效结果四项结果要素。推行此评价框架旨在通过组织的自我评价和诊断不断提高公共部门自身的管理水平与管理质量。马克·霍哲（Marc Holzer）认为，一个良好的绩效评估程序应该包括七个步骤：鉴别要评估的项目、陈述目的并界定所期望的结果、选择衡量标准或指标、设置业绩或结果的标准、监督结果、业绩报告和使用结果和业绩信息。

在政府绩效评估方法方面，通用 3E 评价法、标杆管理法、平衡计分卡法。林奇（Lvnch）和阿蒙（Armond）试图将人们期望的高质量公共服务所关注的问题与目前关于政府中变化与伦理的讨论联系在一起。阿斯顿工商学院公共服务研究中心关注在测评地方政府业绩时，使用"最优价值"作为一种评估框架，使用"平衡计分卡"在不同利益分享者之间进行合作。美国颁布的《政府绩效与成果法》是世界范围内出台的第一部关于政府绩效管理与绩效评价方面的法律。此外，英国的《英国绿皮书》、荷兰的《市政管理法》、日本的《政策评价法》等相关法律都为改革提供了有力的法律保障。除了立法层面加以规定外，许多国家也制订了相应的计划、框架及指南等确保绩效管理和评价的有效展开。

西方管理效能理论与实践的侧重点及发展趋势：

（1）虽然各个国家在绩效改革实施背景、具体内容等方面都存在差异，但都是通过引入私营部门的高效管理方式，构建合作政府等政府再造战略，力图构建可治理型的政府，使改革成为政府自身持续性的要求而不断推进。

（2）从国外绩效管理的发展趋势来看，改革实践的侧重点已经由关注成本控制的效率，逐渐转向了政府增进公众福利的能力以及政府作为社会政治与经济运行的梳理者、管制者及经济绩效持续改善促进者的能力，确立效能理念，促进政府质量意识和公正意识。

（3）由控制转向合作，绩效管理改革的导向与绩效评价的标准都是以顾客及结果为导向。打破目标管理自上而下完全封闭的过程，重视顾客（公民）要求、强调过程控制和增加团队工作，重视参与、沟通，重视来自员工和顾客的反馈，呈现出"控制的下移""外部参与""内部合作"等发展趋势。

（4）绩效管理与绩效评价逐渐纳入制度化、规范化、法制化轨道，各国都开始为管理改革提供制度化保障，以具体的法律规章作为可持续的管理效能的有形保障。

2.1.1.2 国内研究述评

国内关于管理效能的研究主要集中在三个方面，分别是对国外绩效管理理论与方法的总结，对行政（管理）效能①含义、价值取向、相关影响因素的探讨，以及效能优化的制度基础和制度安排方面的研究。

1. 关于行政效能内涵的探讨

迄今为止，国内学者关于"效能"本身的讨论并不多，一般引用《现代汉语词典》《辞海》等工具书中的相关词条进行解释。根据中国社会科学院语言研究所词典编辑室的《现代汉语词典》（第6版）得出，效能是指"事物所蕴藏的有利的作用"。根据这个定义可以明白：行政效能含义所指的"事物"是指行政组织结构、行政行为和相关制度供给的集合；"蕴藏"的含义是指蓄积或潜在的由于多种主客观因素的制约而并未显现的意思；"有利的作用"是指应达到的理想状态，在这种秩序状态下，能以较小的行政资源的投入实现最佳的政府工作目标。理论界认可的对行政效能的理解，是建立在政府行政管理框架内的，是行政投入与行政产出之间的比值，是行政产出的能量、数量、质量与行政投入之间的综合比值关系，是行政效率、效果、效益的综合反映。其中，行政效率是指实现管理目标上所获得的数量和质量指标与所消耗的人力、财力、时间之比，是以数量来分析行政效能的手段；行政效果是指实施管理所产生的有效结果或成果，是行政管理活动实际成绩的直接反映，是高效与低效、有效与无效的直接标志；行政效益是指实施管理所产生的客观价值，是行政效能的最根本的内容，是衡量和评价行政效能的最本质因素。行政效率、行政效果、行政效益统一于行政效能之中，是国家行政机关管理活动的基本目标。

近年来，许多学者对行政效能的内涵进行了更为深入、具体的探索。张今声在《政府行为与效能——政府改革的深层次透视》中指出，行政效能可以理解为政府履行职能能力的强弱以及由此产生的种种影响，它反映着政府工作目标及其实施的成效，它强调速度与质量的统一、功效与价值的统一、目的与手段的统一、过程与结果的统一。杭州行政学院安蓉泉教授认为，行政效能的本质反映了行政机关决策科学、运转高效、社会满意程度高的目标。重庆工商大学科研处助理研究员杨代贵认为，行政效能反映行政机关及行政人员发挥的行政作用，是履行行政职责效果的重要指标。厦门大学卓越教授认为，行政效能不仅讲求内部行政关系，而且更注重外部的行政与社会、行政与公民的关系。中国人民大学毛昭晖教授系统地对行政效能的概念与框架进行了整理与剖析，他指出从内涵上讲，行政效能是对公共管理活动的过程和结果的一种概括和评价。判断公共管理活动具有效能，其标准主要是看在现有制度环境和物质技术条件下，如何才能使公共资源的配置效果最佳，也就是如何才能使公共资源配置达到帕累托最优状态。就

---

① 近些年来，国内相关研究所指的负有行政效能治理职责的主体，已开始突破单一行政系统的范畴，而是指广义上的公共组织，即有公共管理职能的行政机关和其他社会组织。相关研究的行政效能与本研究所讲的管理效能，在本质上是一样的。

行政效能而论，它所指的投入（行政成本）不仅包括货币投入，还包括劳动、时间及资源的投入，即投入不只是可计算的行政成本，而是全部公共资源的投入；它所指的产出则既包括货币形式的产出，还包括非货币形式的所得，如功能的发挥、影响的增加等。

2. 关于行政效能的价值取向

国家行政学院研究员马宝成从政治哲学的角度综合分析了有关学者在这方面的研究成果，并概括出他们共存的几个基本价值取向，即增长、公平、民主、秩序。中国法学会黄欣教授认为，行政效能中包含的"社会公平和正义""行政效能"的高低或好坏直接关系着"社会公平和正义"能否实现及其实现的程度。暨南大学凌文辁教授从社会转型的角度提出政府职能的合理定位是政府绩效的基本价值选择，满足公众需求是政府绩效的根本价值选择。中国人民大学行政学系齐明山教授从政治哲学角度出发概括出人们共存的三个公共行政基本价值追求，即经济、效率和效能与公平。山东大学政治学与公共管理学院马春庆副教授认为，行政效能包含了价值判断的内容：正义和善治。李静芳认为政府与民众的关系决定政府效能管理与评估的价值取向，中国经济体制转轨后，政府与民众的关系模式发生了变化，客观上要求政府的价值取向由政府本位向民众本位转变。中国人民大学毛昭晖教授深入地对行政效能的价值取向进行剖析，指出诸如公共利益、民主、效率、公平、正义等价值观，构成了行政效能活动达成共识的基础，其中，行政效能的核心价值观必然体现为公共利益。行政效能既是实现公共利益的工具，其本身又具有公共利益的内在价值，公共物品和公共服务是公共利益实现的物质表现形式和实现途径。政府公共责任的履行是以行政效能的持续性提升作为其保障的，仅仅有公共责任并不能确保公共利益的实现，政府的能力和效能状况是最终的决定因素之一。行政效能提升的最大受益者不是政府，而是政府的服务对象。

西安交通大学公共政策与管理学院朱正威院长系统地整理了关于行政效能的相关影响因素，对这些要素的关注、优化与整合也就是行政效能优化的途径与保障。第一，权力因素。行政权力作为一种赋予行政管理主体的政治权力，其状况、行使方式和行使程度直接影响政府效能。第二，制度因素。制度因素对政府效能的影响主要包括三方面的内容：首先，通过制度化的规范功能，界定政府部门间彼此的职责，使之各司其职、各负其责；同时明确政府与企业、政府与市场等之间的职责，从而可以避免因权力混杂而造成管理权限之间的冲突和管理领域的真空，进而提高政府效能。其次，通过制度的激励功能将公务员的工作与报酬、晋升等相联系，实施有效的公务员考评制度与激励制度，最大限度地开发公务员的潜能和创造力，从而提高政府效能。最后，通过制度的约束功能，确立以法律、群众、舆论以及政府自身为主体，加强监督和约束，使政府决策科学、程序完善、执行有度，从而提高政府效能。第三，人员因素。政府发挥效能需要的物力、财力要靠人去使用、开发和创造。影响政府效能的人员因素主要包括领导者的素质及公务员队伍的整体素质。除上述因素外，也有学者指出作为政府管理客体的民众素质、政府管理手段的科技化程度、绩效评估的水平以及对效能问题的重视程度与理论研究和指导的滞后等都是影响效能提高的重要因素。

3. 关于优化管理效能、实施绩效管理的制度基础和制度安排

在这一点上，刘旭涛指出：在实施政府绩效管理、提高行政效能的过程中，其背后必然隐含着某些理论及其相关制度基础的支撑；如果这些制度基础不存在，那么实施政府绩效管理必然会遇到"制度瓶颈"问题。他认为当代西方行政改革为现代政府管理模式奠定了全新的制度基础，这些制度基础包括分权化管理、责任机制、结果为本以及顾客导向，政府绩效管理必须建立在这些全新的制度基础之上才能有效发挥作用。其他一些学者如褚添有、奕凤廷、章秀英等也从分权化、责任机制、结果为本、顾客导向等制度基础上来谈政府绩效管理的制度建设。彭国甫对地方政府绩效管理的制度安排也做了大量研究，对于绩效评价程序、评价机制方面的制度安排作了详细的阐述。

2.1.2　规划效能的相关研究述评

规划效能理论始于荷兰学者们的研究。M. de Lange（1991），H. Mastop（1997），A. Faludi（1997），L. van Damme（1997）B. Needham 和 T. Zwanikken（1997）都为理论的建立做出不少的贡献。Lange 研究发现影响规划效能最重要的因素来源于社会、政治和经济的快速变化。Mastop 和 Needham 认为在多元、不确定的和矛盾的、多元利益集团的市场经济社会中，规划效能的观点能够为那些参与城市建设、城市规划过程（包括实施）中各利益主体之间的沟通和对话提供一个框架，这些利益集团的观点可以作为规划编制时的参考因素。Faludi 认为在评估城市规划，特别是在城市总体规划和战略规划时，不能仅仅以有多少具体的政策和规划方案得到实施为评价的重点，而应当评价在决策过程中，规划为决策提供了多少未来的可能性、不确定的影响因素和其他应参考因素，并在此基础上 Faludi 提出了若干评价规划效能的标准：①提供与规划政策一致的行动决策以及明确的相关参考资料，表明规划的实现并非是偶然现象；②阐明在决定偏离规划时的各种考虑和理由，表明规划的偏离是经过谨慎考虑的；③规划能够为与政策相抵触的某一具体决定提供结果分析的基础，因此使该决定仍然存在于规划的整体框架之中；④一旦偏离现象过于频繁，规划必须进行调整，原规划在新的规划完成之前，仍在发挥作用。

近年来，在我国关于规划效能的学术文章散见于各种杂志期刊中，中国城市

规划设计院于立针对学术界对中国城市规划失效现象的广泛批评和盲目指责①，对城市规划效能理论的原则及框架构建进行了系统的探索，其中一些观点如下：

（1）应该为规划使用者提供一个未来目标和行动措施的框架。在市场经济中，规划目标的实现必须依靠所有社会多元利益主体的共同努力，而不仅仅是少数人和少数部门的工作。城市规划应当争取在社会各利益主体中达成共识，设法使规划师编制的规划为社会各利益主体所接受，鼓励社会各利益主体将城市规划当成自己的规划。在多元的社会中社会共识的形成只能是一些总体原则的目标表述，并将这些目标建成规划的框架形式。

（2）规划过程是一种辩论、沟通、谈判和矛盾协调的机制。城市规划是社会各利益主体、各群体的共识规划，应当是发展过程中决策的主要依据。但是规划是针对矛盾和不确定性的，因此应当允许并能够提供社会各方面进行谈判、讨价还价与和解的平台，最终达成共识。

（3）促进发展和保护公共利益的明确的政策。整体而言，规划应当追求三种效益，即社会效益、经济效益和环境效益。城市规划的总目标应当是考虑保证人民获得公正和公平的机会，应当采取可持续的方法促进发展。在评估城市规划效能时，非常重要的一点是确定规划在多元利益主体的社会价值平衡中所发挥的作用。

（4）实施中坚定性和灵活性的监控机制。为实现这条原则，城市规划应当为操作型的行动规划提供指南，提出并建立规划实施的管治机制。同时形成内在的规划调整和修编机制，以适应快速的社会经济变化带来的对未来发展的不确定性。规划应当成为所有利益主体和群体决策中的重要考虑因素。

同济大学的姚凯博士从城市规划管理与城市发展的互动关系角度出发，创造性地指出"效能优化"是连接城市发展和城市规划管理制度的媒介，提出了城市规划管理是以"效能优化"为核心的目标体系，并通过"大众谐同趋向"和"人本价值发挥"，相对性价值的占优与制度的非均衡、制度空间扩展与组织制度价值的重估、公益精神取向的强化与公共权力的分享四个层面来说明这一目标体系问题。

应该说，国内学者对有关城市规划效能的理论已经展开了卓有成效的研究，但主要侧重于规划编制及其实施情况的效能理论和实践研究，关于城市规划管理效能优化、效能评价以及保障其优化的权力要素、制度要素、人员要素的研究，

---

① 目前中国城市规划经常受到批评，一些批评是关于中国规划缺乏灵活性的问题，于立认为，在吸引资金、促进经济的发展方面，在运作过程上中国的城市规划是最具灵活性的规划之一。另外，简单地批评城市规划缺乏科学性、缺乏前瞻性，是由于人们还不能真正认识和理解市场经济条件下的城市规划。同时，对于城市规划，市场和经济发展投资商，以及广大市民之间的相互关系，还应当更深入地研究规划的作用和功能。

仍需要在理论中充实与完善，在实践中发展与检验。

2.2 制度设计的相关研究述评

2.2.1 制度与制度设计

关于"制度"（institution），不同的视角有着不同的理解。美国制度先驱之一凡勃仑（Thorstein B Veblen）首先将制度问题纳入科学研究，开创了对制度进行系统的逻辑实证研究之先河，他认为制度是大多数人所共有的一些固定的思维习惯、行为准则、权利与财富原则[①]。近代制度学派的代表人物康芒斯（John Rogers Commons）认为制度是集体行动控制个人的一系列行为准则或规则，是每个人都必须遵守的，制度的作用体现在对行为加以规范。在此基础上，新制度经济学的代表人物诺思（Douglass C. North）进一步提出：作为规范人的行为规则的制度，应包括正式规则、非正式规则和实施机制三个方面[②]。德国学者柯武刚（Wolfgang Kasper）和史漫飞（Manfred E. Streit）在所著的《制度经济学》[③]中指出，制度是人类相互交往的规则，它抑制着可能出现的、机会主义的和乖僻的个人行为，使人们的行为更可预见并由此促进劳动分工和财富创造。作为比较制度分析学派（CIA）的代表人物，日本学者青木昌彦（AOKI Masahiko）归纳了博弈论视角下的制度观，他认为把制度定义为是均衡导向的或是内生的博弈规则是合适的，制度是重复博弈的内生产物，但同时制度又规制着该领域中参与人的战略互动。我国学者卢现祥是国内较早对西方新制度经济学开展研究的学者，他将制度定义为经济单元的游戏规则，并认为制度的内涵应体现在几个方面：习惯性、确定性、公理性、普遍性、符号性和禁止性。

[①] "制度必须随着环境刺激的变化而变化，因为就其性质而言，它就是对这类环境引起的刺激发生反应的一种习惯方式。而这些制度的发展也就是社会的发展。制度实质上就是个人或社会对有关的某些关系或某些作用的一般思想习惯，人们是生活在制度，也就是说思想习惯的指导下的，而这些制度是早期遗留下来的。今天的制度也就是当前公认的生活习惯。"这一段话指出了制度是人们对社会环境变动的一种应变方式。它通过沉淀于人类理性之中而成为一种习惯方式。美凡勃仑. 有闲阶级论——关于制度的经济研究 [M]. 蔡受百，译. 北京：商务印书馆，1983：138 – 141。

[②] 构成制度的三个基本要素，即社会所认可的非正式制度（或规则）、国家所规定的正式制度（或规则）、制度的实施机制。非正式制度是指人们在长期社会生活中积淀形成的意识形态、伦理道德、文化传统、价值观念、风俗习惯等。一般有三种类型：①对正式制度的扩展、丰富和修改；②社会所认可的行为准则；③自我实施的行为标准。正式制度是人们有意识建立并确定下来的各种制度安排，包括政治规则、经济规则和契约等，以及它们相互构成的内在等级结构。正式制度具有强制性，其中政治规则是决定性的、基础性的制度。

[③] 柯武刚，史漫飞. 制度经济学：社会秩序与公共政策 [M]. 北京：商务印书馆，2000.

从本质上来看，制度与人的动机和行为有着内在的联系，任何制度都反映了一定历史情境下人的利益及其选择的结果，制度提供了人们如何行动时的要点，协调着结构复杂的社会经济活动并使其更有效率，没有制度约束下的人的动机和行为可能导致的是社会经济生活的混乱或者低效。需要指出的是，从制度与具体人的行为的关联度而言，制度包括制度环境和制度安排两个层次。诺思在他与戴维斯（L. E. Davis）合著的《制度变迁和美国经济增长》一书中指出：制度首先是指"制度环境"，即"一系列用来确定生产、交换与分配基础的政治制度与法律规则"，是一国的基本制度规定。其次是指制度安排，即"支配经济单位之间可能合作与竞争的方式的一种安排"。前者相对稳定，但法律或政治上的某些变化就可能影响到制度环境，可作为制度创新模型的外生变量，制度创新则主要指制度安排的变化。这就是说，制度环境是规则，是前提依据，是进行制度安排所要遵守的；而制度安排是对合作与竞争方式的某种具体的安排处理，制度安排可以理解为是制度的具体化。一般来说，制度安排是在制度环境的框架里进行的，制度环境决定着制度安排的性质、范围、进程等，但是制度安排也会反作用于制度环境。

关于对制度的分析，当前国际学术界总体上沿以下三条脉络展开：①以科斯（Ronald H. Coase）、诺思（Douglass C. North）、阿尔钦（Armen Albert Alchian）、德姆塞茨（Harold Demsetz）、威廉姆森（Oliver Williamson）和张五常等为代表的新制度主义学派，将整个理论框架建立在科斯"交易成本"的核心概念之上，对新制度主义学派而言，制度是社会的游戏规则，有利于降低交易成本；②以阿罗（Arrow）、斯蒂格利兹（Joseph Stiglitz）等为代表的当代新古典主义流派，此流派主要是用一般均衡的分析方法，其理论探索目标是将"交易费用"列入传统的"一般均衡"理论之中①；③以肖特（Andrew Schotter）、宾默尔（Ken Binmore）、格雷夫（Greif）和青木昌彦等为代表的博弈论制度分析学派，他们将理论框架建立在人们的行为是如何相互影响、人们是如何在相互作用之中做出自己的行为选择和行为决策上，认为制度是博弈的均衡解，因而也是内生的和可以自我实施的。一般认为，博弈论对制度的分析代表了制度分析最有潜力的方向，并且可能蕴含着统一以上三条制度分析脉络的理论基础。

制度设计研究是目前西方制度创新理论的一个前沿课题。西方制度创新理论的发展经历了两个阶段。第一阶段主要研究制度创新的动力机制，制度创新被看作是局中人对获利机会自发反应的结果，制度创新属于需求诱致型的。但是单有制度创新的需求还不足以导致制度的创新，如果外部环境的变化产生了对新制度的需求，但制度创新的主体由于种种因素的制约而没能提供新的制度，那么就会出现制度供给不足和制度供不应求的情况。因此，随着制度创新研究的深入，制

---

① 在新古典主义传统的一般均衡模型中，完全竞争性的市场不存在交易费用。

度的供给问题日益引起人们的重视。以制度的供给为重点的制度创新研究，是制度创新理论发展的第二阶段，制度设计问题是制度供给研究的重要内容①。20 世纪 90 年代以来，制度设计研究逐渐成为经济学研究的热点课题，90 年代中期戴维·韦默（David L. Weimer）和罗伯特·古丁（Robert E. Goodin）主编的两本关于制度设计理论的论文集相继出版。此外，对东欧和苏联各共和国转型时期以及第三世界国家现代化过程中的制度设计问题进行经验研究的论著也不断涌现。

　　总体来说，西方学者对制度设计的研究主要包括两个方面：一是理论层面的制度设计研究，一是经验层面的制度设计研究。本书主要对理论层面的制度设计进行整理。

　　布伦南（Brennan Geoffrey）指出②，制度设计有以激励为中心和以选择为中心两个传统。③

　　作为以激励为中心的制度设计理念代表，班克斯（Jeffrey S. Banks）在《制度设计：一个代理理论的透视》一文中，运用信息经济学中的委托——代理理论考察制度设计问题，对制度设计的目标、任务以及最优化制度设计的选择提出了系统的理论。在班克斯看来，激励效率是制度设计的目标，而实现激励效率被认为是在委托人和代理人之间设计一个可以使代理费用最小化的"合约"。委托人希望代理人更"卖力"以获取更大收益，而代理人则倾向于"偷懒"以使自己的成本降低。在委托人和代理人之间存在信息不对称，也就是在委托人无法直接观察到代理人的活动而只能观察到代理人的活动所带来的价值的情况下，设计能使双方受益的合约安排，便是制度设计者所面临的任务。在这样的任务前提下，存在以下几种制度安排：①在委托人与代理人之间的交易所产生的利润由代理人行为决定的情况下，给委托人以"固定份额"而将剩余的利润分配给代理人的安排，符合帕累托最优状态。②委托人与代理人之间的交易所产生的利润，通常是由代理人的行为和"偶然因素"共同决定的。在这种情况下，如果仍给委托人以"固定份额"而将剩余的利润分配给代理人，那么"卖力"就不再是代理人的最优选择，采取最不"卖力"的行为就是代理人最优的选择。因此制度安排就要使代理人承担一定的风险，于是就不存在一个固定的利润分享原则。

---

　　① 参考鲁克俭. 西方制度创新理论中的制度设计理论 [J]. 马克思主义与现实，2001 (1)：65 – 70.

　　② 收在 Robert E. Goodin 主编的 The Theory of Institutional Design（NewYork：Cambridge University Press，1996）一书中。

　　③ 从以激励为中心的理念出发，候选人被认为具有发现选民之所最需的激励，并提出满足大多数选民偏好的政策，其行为仍处于所属党派的监督之下，因而会按照大多数选民的利益行事。从以选择为中心的理念出发，选民被认为缺乏理解政策复杂性的能力，但具备鉴别候选人品质的能力和激励。候选人当选后所提出的政策并非为了兑现选举诺言，而只是其个人品质的体现。

③以上两个制度安排的设计都是以委托人无法直接观察到代理人的行为为前提的。有时委托人虽然不能直接观察到代理人的行为，但却能观察到一些外部信号，比如通过观察其他代理人的行为而对代理人是否卖力作出判断，从而获得与"偶然因素"有关的额外信息。在这种情况下，最优的利润分享安排应该包括对代理人行为的监督。监督当然是有费用的，而委托人有对代理人实施监督的激励，只要委托人可以通过相应的利润分享原则获得因实施监督而带来的利润增加的收益。实际上，委托人兼作监督者的制度安排，要优于由外来方作为监督者的制度安排，因为后一制度安排还要给外来方实施监督行为的激励，存在"监督者还要被监督"的问题，这就无限增加了监督费用。而上述所谓的利润分享原则，应该是委托人获得利润剩余索取权的利润分享原则，遵循这一利润分享原则的制度安排才是最优的制度安排。

一些学者并不赞同以"激励"为中心的制度设计理念，而是主张以"选择"为中心来设计制度。布伦南在《选择与报酬通货》一文中就探讨了与"选择装置"有关的制度设计问题。文中布伦南以学术市场为例来说明"选择装置"的设计。学术研究的特点决定了对研究者努力程度监督的困难，因此大学在追求绩效和学术声望时主要不是依赖对研究人员的监督，而是通过完善招聘选择机制，力争把好"进门关"。布伦南认为，这种选择装置不仅适用于学术领域，也适用于其他非市场制度的设计。除此之外，布伦南也没有排斥激励机制，而是认为选择机制和激励机制可以相互补充。

在制度设计的激励与选择问题上，佩蒂特（Pettit Philip）在《制度设计与理性选择》一文中持有与布伦南相似的观点，即在激励性制度措施实施之前可以设置必要的选择性程序。佩蒂特还进一步提出了制度设计的三原则：①在探讨奖惩措施之前首先考虑"筛选"的可能性。先要将明显的自我中心者筛选掉，这样就可以避免诉诸过度的奖惩措施而使人们遵守相应的行为方式。最常见的筛选装置是对"人"的筛选。第二种筛选装置是对"机会"的筛选。比如"权力平衡"装置规定任何法律都要经过两个或两个以上机构的批准，这些机构分别具有相反的利益，这样就可以筛选掉可能会损害到其中任何一个机构的立法机会。②实施能够"支持"人们已有良好行为动机的奖惩措施。筛选机制并不能解决一切问题，必须有相应的奖惩措施作为补充。但奖惩措施不能过度，不应促使非自我中心的人转变成自我中心的人，而应该是对已有良好行为动机的支持和强化。③构建奖惩措施以对付偶尔出现的"无赖"。在构建奖惩措施尤其是惩罚措施时，应该遵循等级原则。在最低层次实施适用于所有人的"支持"性的惩罚措施，在较高层次实施针对某些人的较为严厉的惩罚措施，直至最后实行"大棒"政策。

在制度设计的层次与构成要素方面，亚历山大（E. R. Alexander）进行了系统的研究。他认为制度设计是能够促使行动或者约束行为，并能让行动与所秉持的价值要求相一致且达到预定的目标或者完成所分派的任务的规则、流程和组织架构的实现与规划。制度设计可以涵盖社会思想与行动的各个领域，它包括立法、决策、规划以及项目的设计与实施。除了一些西方学者之外，中国的一些学者在他们的社会转型制度设计①相关文献中谈到的制度设计也多从这个定义出发②。亚历山大认为制度设计往往是在三个层次上进行的：第一个层次关乎整个社会体系，它要面对的是宏观的社会进程和制度的问题；第二个层次主要涉及的是规划和实施的建制与程序，包括建立和运作相关的组织网络，创立新的组织和转变现有的组织，以法律、规定和资源分配的名义设计和贯彻激励或者惩戒的制度以落实和发展相关的政策、项目、工程和规划；第三个层次的制度设计关涉的领域具体涉及建立和管理规划的流程以及政策和项目实施。上一级的制度决定了下一级制度的设计，而下一级制度能否科学设计与有效运行，又进一步影响着上一级制度的运行与制度目标的实现。因此，在设计上一级制度时，必须考虑下一级制度的合理设计，而在下一级制度时，更需兼顾上一级制度的目标。此外，亚历山大对操作性的、结构性的、机构与流程等制度设计的构成要素也进行了详细的描述，指出在不同的制度设计中，这些制度设计构成要素发挥的作用是不同的。认清在不同的制度设计中尤其是在不同层次的制度设计中各个要素参与其中的作用，对于制度设计本身有重要意义，而且是否正视这些要素的不同作用并在制度设计中将之充分考虑也决定了制度执行的绩效。代理人在不同层次的制度设计中扮演的角色也不同，通常，治理代理人及涉及所有的规定执行、协调和控制的部门和行为者在第一层次制度设计中扮演着非常重要的角色；在中间层次制度设计中，组织内部的协调的重要性尤为突出，它会对制度设计出现的问题直接做出反应；当制度设计原则与代理人之间出现冲突的时候，制度设计的代理人则尤为重要，其对制度设计的反应会涉及旨在减少代理人成本的治理、激励和监督机制的转变，以求在"原则"和"代理人"之间寻找到最佳的利益平衡点。

在关于制度设计的流程方面，唐纳德·奇泽姆（Donald Chisholm）在《问题解决与制度设计》一文中有所提及。他认为，制度的设计流程应该和解决问题的流程有关。第一，要明确问题的定位。无论是哪个层次的制度设计参与者，都必须首先确定所要解决的问题。这包括制度设计行为者要了解其所期望的与其实际能够做到的之间的差距，然后根据具体的条件，理清所拥有的推动制度设计工作所拥有的物质和知识条件。在此基础上，了解制度设计工作在哪个层次上能够得以顺利推动。以往的经验甚至是教训对制度的设计都是重要的，它不仅为制

① 欧阳景根，李社增. 社会转型时期的制度设计理论与原则 [J]. 浙江社会科学，2007 (1)：78 - 82.

② 刘岚. 制度设计与制度绩效——浅析我国教育督导制度 [D]. 上海：复旦大学国际关系与公共事务学院，2009.

度设计的未来提供有效的指导，而且也帮助制度设计行为者了解具体的制度设计在多大程度上体现制度的连续性。第二，明确问题的表现。制度设计行为者非常明确他们的价值立场，但并不一定就能够寻找到解决问题的途径。问题的表现过程有助于制度设计行为者过滤信息、建构相关的概念，以及找到相应的因果关系。问题的表现有利于制度设计行为者通过集中各种解决方案最终从中挑选一个有效解决问题的途径。第三，集合不同的制度设计的方案选项。集合不同的选项对于设计出能够解决问题的制度来说是有实际性帮助的。要做到不同选项的集合，首先，制度行为者要能考虑到将会发生的后果；其次，考虑什么样的机制有助于找到解决问题的途径；再次，行为者如何才能知道何时应该停止对问题解决方案选项的寻找。以上这些问题的求解往往取决于制度行为者的价值序列。第四，选择解决方案。最终的制度设计方案是从可供选择的各种方案当中挑选出来的。这一方案往往对制度设计者来说，是最值得尝试的方案。选择过程中有多少行为者介入是一个复杂的社会过程，因此，制度的选择也可能带来激烈的社会冲突。第五，冰山顶端的启示。制度设计行为者选择的最终方案，可能只能解决冰山顶端的一些问题，因为制度设计行为者常常只能选择一个方案，一个可以接受的比较符合现状的方案。

2.2.2 制度设计分析与方法

本书的制度设计是在现有制度环境与制度安排的基础上展开的，需要对现有的规划管理制度进行深入剖析，因此一些着眼于增进对制度设计的理解，为制度设计提供理论支持，并避免不必要的设计失误的制度设计分析理论对本书也有重要的借鉴意义。

重复博弈理论对分析制度设计非常有用，因为制度中"行为人"的互动关系是一个博弈关系，而且是重复博弈关系。卡尔弗特（Randall L. Calvert）的《制度的理性选择理论：其对设计的含义》一文就是运用重复博弈理论考察制度设计问题。博弈的均衡状态是一种稳定状态，在这一状态，局中人都没有改变均衡状态的激励。制度安排对应于重复博弈的均衡状态，博弈的均衡状态总是存在的，而且常常不止一个。制度设计者需要根据具体情况构建相应的博弈模型，并通过对博弈模型的分析寻找均衡点。这个过程完成之后，制度设计者就弄清了博弈的初始状态与博弈的均衡状态之间的关系。博弈的均衡状态对应于设计者所要设计的制度安排，而博弈的初始状态就是设计者设计的出发点。通过改变博弈的初始条件，如对局中人的筛选、引入影响局中人偏好的激励等，就可以达到相应的设计目的。即使博弈的初始条件已定，由于博弈的均衡点常常不止一个，因此制度设计者还面临着促使所属意的均衡点出现的任务，否则制度设计的最终目的还没有实现。卡尔弗特提出的思路是制度设计者通过设定制度的基本结构、初始说明、目的陈述、操作程序的初始标准以及其他方式，达到"聚焦"特定均衡点的目的。

关于对制度设计的分析，诺斯明确提出了制度运行的成本。新制度经济学修正了假设交易成本为零（却具有充分信息，是信息对称分布）的新古典经济学模型，引入了交易成本为正（信息不充分，不对称）的环境，也就是说，制度的设计、运行与变迁都是需要成本的。因此，旧的制度是否会被新设计的制度所取代，就被视为一个比较制度变革成本与收益的过程。任何制度的创制，都是一种既定于社会现实条件下的"有限"创造行为。同时，制度的变迁、选择、设计、创新有着一种"路径依赖"的特性。在进行制度设计时，必须顾及文化传统、信仰体系等这些根本性的制约因素。

制度设计有时不仅仅是"制度"本身的设计问题，还包括与制度相关的其他方面问题。克罗斯克利（P. Croskery）在《制度设计中的惯例与规范》一文中，考察了制度设计中的"惯例"与"规范"。惯例是制度结构中的重要组成部分，制度设计者通常面临四个问题：一是由于情况复杂、局中人沟通困难、参与者频繁变换等原因，制度所需"惯例"的自发出现可能会很缓慢和困难；二是无效率的惯例可能会自发形成；三是有的惯例对"环境"变化的反应很慢；四是不同群体会产生不同的惯例，而合在一起时不同的惯例就会相互干扰。制度设计者必须解决以上这些问题。"规范"对于制度设计至少有三方面的含义：一是在人们是否遵守规则难以监察的情况下，规范可以起到准强制作用；二是在只有集体产出能够有效计量的情况下，规范可以起到约束偷懒行为的作用；三是辅之以规范可以减少规则强制实施时的费用。要形成和维持所需要的规范，制度设计者需要创造相应的条件：一是在人们之间建立起长期的关系，使局中人之间的博弈成为无限重复博弈，从而避免局中人的机会主义行为；二是使人们形成某一规范会被广泛遵守的预期；三是将规范"内化"为个人的行为规范；四是新的规范要能与已有的社会规范融为一体。

制度设计时还会涉及制度的借鉴、模仿和移植问题。科拉姆（Coram Bruce Talbot）在《次优理论及其对制度设计的含义》一文中指出，制度设计者在考虑制度借鉴和移植时必须慎重。如果有的制度安排对"初始条件"的变化很敏感，在一个地方有效率的制度如果被移植到另一个地方，就可能变成无效率的制度；如果有的制度安排对"规则"的变化很敏感，对制度进行移植时要么不对规则做丝毫改动，要么就要对规则做大的改动，否则移植后的制度安排就达不到最优。反过来，如果制度安排对初始条件或规则的变化都不敏感，那么就可以大胆进行制度移植。

与其他制度设计研究者有所不同，奥菲（Offe Claus）在《东欧转型中的制度设计》一文中明确对制度设计的"超理性"持否定态度。奥菲认为任何制度设计都是"模仿"，是对历史上或别的地方已经存在的制度模式的借鉴。制度设计者在开始设计制度之前，通常会从自己社会过去的历史中寻求灵感以及合法性，或者"复制"国外的制度模式，总之，制度是演化而非发明创造出来的。奥菲还从制度演化的角度考察了制度移植是否可能的问题。在奥菲看来，制度在演化过程中产生了相应的新制度框架，"复制"或移植制度时尽管缩短了制度演化的过程，但由于缺少与制度原型相应的基本制度框架，复制出来的制度常常会运作困难甚至产生事与愿违的结果，基本制度框架就像是制度的软件，不过它不像电脑的软件那样容易被替换。

20世纪90年代末期，国内学术界出现了运用制度创新理论研究中国改革进程的热潮，在此基础上一些经济学家构建了"中国的过渡经济学"①。在过渡（转型）时期，制度设计不仅仅是设计正式制度的过程，还是一个重新设计社会话语、政治话语和价值伦理的过程，是一个使新的制度与新的话语完全匹配的过程，是一个让新的话语获得统治地位的过程。转型时期对制度进行设计更应该在制度的刚性与灵活性之间找到合适的平衡点。在这样一个时期，不仅环境改变较快，而且有很多不可测的因素可能会影响着制度的成功运行，因此，需要设计的制度要具有一定的灵活性，能够适时做出修改。此外，恰恰是由于在转型时期一切都变得不稳定和不可测，才需要一个较为稳定的制度来给人们提供一种预期的平台，这个时候如果制度变化过于频繁，就很不利于这个新生的制度秩序的巩固。

以上制度设计的研究者分别来自不同的领域，如经济学、政治学、社会学、管理学等，不同的研究者所选择的切入点不同，所依托的理论平台不同，所关注的问题与解决方案也就纷繁多样。这些理论层面的研究所涉及的对制度、制度设计的分析与方法，对本研究应用多学科成果，针对规划管理这个具体领域进行制度设计，有着重要的方法论意义。

2.2.3 制度设计与效能优化

本书旨在以提高管理效能为目标，探讨如何改进我国的规划管理的相关制度。作为本研究立论的重要依据和理论基础，后面的章节探讨制度设计与效能优化关系的相关研究。

2.2.3.1 制度对管理效能的影响

关于制度对效能的影响研究由来已久。正统经济学理论假设了人是理性地追求效用最大化的。在新制度经济学看来，人理性地追求效用最大化是在一定的制约条件下进行的，这些制约条件就是人们发明和创造的系列规则、规范（也就是制度）。如果没有制度的约束，那么人人追求效用最大化的结果，只能是社会经济生活的混乱或者低效率。布罗姆利（Daniel W. Bromley）教授界定了制度对效率的规定，认为制度决定了个人的选择集，个人的最大化行为仅仅是在被界定

---

① 盛洪. 中国的过渡经济学 ［M］. 上海：三联书店，1995.

的选择集中的一种最大化选择，而效率则是在一定的制度安排假定下形成的一种人为的产物。

制度学派代表人物诺斯在《制度、制度变迁与经济绩效》一书中总结道，制度在社会中具有更为基础性的作用，它们是决定长期经济绩效的根本因素。在后来出版的《理解经济变迁过程》一书中，诺斯又进一步从理论上总结道，良序运作的市场需要政府，但并不是任何政府都能做到这一点，必须存在一些限制政府攫掠市场的制度。因而，要解决这些问题，就需要设计一些制度，从而为良好高效运作的经济所必需的公共物品的供给奠定基础，同时亦能限制政府及政府官员的自由裁量和权威。

密尔（J. S. Mill）在其《代议制政府》一书中指出了最有利于有效性的代议制政府的制度形式，指出"新制度主义"的人们更加主张改进制度设计以提高政府管理成功的希望。

西安交通大学公共政策与管理学院朱正威院长指出制度因素是影响政府管理效能的重要因素。在这个基础上，宁波大学法学院周亚越教授系统地整理了制度因素对管理效能的影响：第一，通过制度的引导功能，合理配置资源。任何资源的配置都取决于决策者所获信息的完备性和准确性，有效的制度能够使实现社会目标所需信息量减少到最少并使信息成本降至最低。在现代民主社会中，政府通过信息公开制度，使社会经济主体依据这些信息从事社会经济活动，也使行政机构自身依照这些信息来运行，进而促使政府乃至整个社会的资源得到合理配置。第二，通过制度化的规范功能，界定政府部门彼此的职责，使之各司其职、各负其责；同时明确政府与企业、政府与市场等之间的职责，从而可以避免因权力混杂而造成管理权限之间的冲突和管理领域的真空，提高管理效能。第三，通过制度的激励功能将公务员的工作与报酬、晋升等相联系，实施有效的公务员考评制度与激励制度，最大限度地开发公务员的潜能和创造性，提高管理效能。第四，通过制度的约束功能，约束行政权力的运用。制度具有普遍性、强制性和稳定性，这是政府行政管理的前提和保障。制度的约束作用在于限制欲望的无限扩张，在于限制权力的滥用，在于制止任意行为和机会主义行为，在于给人们提供一个可以预期的行动空间，从而调整规范自己的行为，促进社会的协调，化解人与人之间的冲突，降低和节约交易成本，由此形成良好的社会秩序，使政府决策科学、程序完善、执行有度，从而提高管理效能。

2.2.3.2 制度绩效与制度设计

班克斯等以激励为中心的制度设计理念代表人物指出，激励效率是制度设计的目标。

亚历山大整理了获得制度绩效的条件：第一，制度设计是否做出了合理的选择。制度设计必须是制度设计要素综合作用的结果，必须是在制度行为者认知图的基础上在诸多选择项中做出的最后的选择。第二，制度设计是否处理好不同层级制度的关系。在设计上一级制度时，必须考虑下一级制度的合理设计，而在下一级制度时，更需兼顾上一级制度的目标。每个层次的制度设计都影响着另一层次的制度的设计与运行，它们之间存在一种有机的联系，断不可割裂了这种联系。第三，制度设计是否顾及运行成本。制度设计在多大程度上会引发设计原则与代理人之间的冲突，以及找到怎样的一个机制来减少冲突的社会成本，从而在原则和代理人之间找到一个平衡。第四，制度设计是否关注到信息机制的有效性。不同层次的制度设计，相互间信息的相对充分性、对称性、可识别性和连续性，以及信息发布主体与信息接收主体的利益一致性或信息兼容性，也是制度设计得以实施的一个重要前提条件。第五，制度设计是否完善及相关组织或机构。制度设计不仅仅是设计制度，为了保证制度的执行也规划制度执行的机构。机构是否健全，以及相关机构之间的关系决定了制度是否能够有效实施。第六，制度设计是否考虑到代理人的利益。制度设计必须体现制度设计行为者或者代理人的价值，制度的执行从一方面看也是代理人技术素质和非技术素质的训练过程。如何将代理人的素质转换成制度执行的保障，对制度代理人的有效激励机制是确保制度绩效的关键。

福利经济学的研究者将对制度设计评价的标准与效率和公平联系起来。从福利经济学的角度来看，评价一项新制度安排的标准有两个，即帕累托最优和卡尔多—希克斯改进。帕累托最优是指制度安排为其覆盖下的人们提供利益时，没有一个人会因此受到损失，帕累托最优是公平与效率的"理想王国"①。卡尔多—希克斯标准是指，尽管新制度安排损害了其覆盖下的一部分人的利益，但另一部分人因此而获得的收益大于前一部分人的损失，总体上是划算的。与帕累托最优相比，卡尔多—希克斯标准的条件更宽。按照前者的标准，只要有任何一个人受损，整个社会变革就无法进行；但是按照后者的标准，如果能使整个社会的收益增大，变革也可以进行，无非是如何确定补偿方案的问题。现实中交易成本为正，就可能使得潜在的帕累托最优无法成为现实的帕累托最优。实际上经济学家

① 一般来说，达到帕累托最优时，会同时满足以下三个条件：①交换最优：即使再交易，个人也不能从中得到更大的利益。此时对任意两个消费者，任意两种商品的边际替代率是相同的，且两个消费者的效用同时得到最大化。②生产最优：这个经济体必须在自己的生产可能性边界上。此时对任意两个生产不同产品的生产者，需要投入的两种生产要素的边际技术替代率是相同的，且两个生产者的产量同时得到最大化。③产品混合最优：经济体产出产品的组合必须反映消费者的偏好。此时任意两种商品之间的边际替代率必须与任何生产者在这两种商品之间的边际产品转换率相同。当完全竞争市场达到长期均衡时，帕累托最优的三个条件都自动满足，这一结论便是福利经济学第一基本定律，即竞争性的均衡是帕累托有效的；每一种帕累托最优的资源配置方式都可以通过适当在消费者之间分配禀赋后的完全竞争的一般均衡来达到，即任何帕累托有效配置都能得到市场机制的支持。这就是福利经济学第二定律，它指出了分配与效率问题可分开来考虑。

一般采用卡尔多—希克斯标准。

从新制度经济学的视角看，制度绩效标准是制度设计与制度分析的重要内容。埃莉诺·奥斯特罗姆（E. Ostrom），拉里·施罗德（L. Schroeder），苏珊·温（S. Wynne）在《制度激励与可持续发展》一书中，开发了一套可广泛应用于公共政策领域的绩效评估指标，包括总体绩效标准与间接绩效标准。总体绩效标准包括经济效率、通过财政平衡实现公平、再分配公平、责任和适应性五个指标。经济效率是由与资源配置及再配置相关的净收益流量的变化决定的，它主要是指资源配置是否符合帕累托最优的标准。公平，主要体现在两个方面，一个是贡献与收益是否相适应，即是否实现了财政平衡；另一个是否实现了再分配，即资源是否配置给了全社会的人，尤其是中低收入群体。责任是指政府官员对公民所承担的开发和使用基础设施的责任。其中，重要的是确保基础设施适合公民的需求，避免和遏制策略行为，并使政府官员承担基础设施建设不当的责任等。适应性是指制度安排能够对环境变化做出适当的反应。间接绩效标准包括供给成本和生产成本两个方面：在供给方面，供给成本包括转换成本和交易成本。其中，转换成本包括：①将公民对物品的偏好及其支付意愿转化为对公共部门提供物品和服务的明确需求量所需的成本；②融资和生产这些物品和服务所需的安排成本；③监督生产者绩效所需的成本；④规范消费者使用模式所需的成本；⑤强制遵守税收和其他资源动员手段所需的成本。而交易成本则是与协调、信息和策略行为相关的转换成本的增加。它包括三个类型：一是协调成本，投资者与行动者间供给协议的协商、监督和执行的时间、金钱和人力成本的总和。二是信息成本，是搜集和组织信息的成本和由于时间、地点变量及一般科学原则的知识的缺乏或无效混合所造成的错误成本。三是策略成本，是指当个人利用信息、权力及其他资源的不对称分配，以牺牲别人的利益为代价的情况下获得效益，从而造成的转换成本的增加。与供给活动相关的最常见策略成本是搭便车、寻租和腐败。生产成本是指基础设施设计、建造、运行和维护的成本，它也包括转换成本和交易成本。转换成本是将投入转化为产出的成本。而交易成本是与协调、信息和策略成本相关的转换成本的增加。交易成本包括协调成本、信息成本和策略成本。协调成本是投资在协商、监督和实施协议方面的时间、资本和人员的成本总和。信息成本是指搜集和整理信息的成本与有关时空变量和一般科学原则的知识的缺乏或无效混合所造成的错误成本。策略成本是指由于个人使用不对称分配的信息、权力及其他资源在别人付出代价的情况下获得收益，从而造成的转换成本的增加。与生产行为有关的最常见策略成本是规避责任、腐败（或欺诈）、逆向选择和道德危害。

河北省委党校欧阳景根教授指出，制度设计主要在于解决问题，问题的解决本身就是制度设计的目标。制度是为了实现某个目标而设计出来的，判断一个制度设计好坏的标准就是制度的绩效性。所谓制度的绩效性就是制度履行其功能、实现设计初衷和制度目标的能力。为了保证制度的绩效性，要以制度的适宜逻辑来指导制度设计，要考察制度结构及在这一结构中各项制度之间的关系特征，只有每个部分都设计得合理，整个制度体系才能有效运行，实现预期目标。另外，制度的绩效性必须依赖于责任的明确分工，制度要实现目标，最终是需要各种行为主体去实现的，制度设计的根本目的就是要催生好的结果，防止坏的结果。为此，在制度设计时，尤其需要注意对那些承担着公共职责的个体与机构进行限制与约束。在一定程度上，制度的失灵是源于责任分配的失灵，在制度框架内，各个行为者负有何种责任、应尽什么义务、享有什么权利都应该有明确的规定。

2.2.3.3 旨在效能优化的制度设计

近年来，旨在效能优化的制度设计与制度创新的问题不断受到国内规划界的关注，渐已成为一个焦点和热点问题。其中与本书研究视角接近，对本研究深有启发的相关研究有：

雷翔（2003）在博士学位论文基础上完成的著作《走向制度化的城市规划决策》，在诸多的城市规划公共行政问题中，选择了对城市规划决策制度进行深入、系统的探索。通过对城市规划决策过程的分析，挖掘规划决策失误、失效的制度因素，构建城市规划决策机制，进行城市规划决策的制度设计与选择，是针对城市规划决策制度的专门性、系统性的研究成果。

董铭伟（2006）在《以提高效率为导向的行政审批制度改革研究》中，在分析行政审批制度局限性的基础上，以提高行政效率为导向，通过运用国内外成功的科学理论依据，从政府职能转变与重组、优化法治环境、科学界定行政审批事项的范围、建立部门间并联审批机制来提高行政审批效率、严格审批机关的责任、引入行政竞争激励机制、大力培育和发展社会中介组织等方面较全面地制定出适合我国行政审批制度改革的对策。可以说，这是效率导向的针对审批管理制度的专门性系统性的研究成果。

姚凯（2005）在博士学位论文基础上完成的《寻求变革之道——基于上海城市演进过程的规划管理创新探索》一书，此书以优化规划管理效能为核心，以城市发展和城市规划管理制度的交互关系为载体，以上海为蓝本和研究平台，书中作者分析城市规划管理制度的内在规律性和运作机理，解释制度安排中利益主体的博弈方式及其利益关系的调整，阐述城市规划管理制度的安排特征，描述城市规划管理制度的历史性变化和城市发展的动态轨迹，展望城市规划管理制度革新的前景，从管理理念、组织结构和规则设计三方面对制度革新作了深入讨论。此书是效能导向的城市规划管理制度研究的系统性成果。

2.3 我国城市规划管理制度演化述评

2.3.1 我国城市规划管理制度发展历程及启示

总体而言，新中国成立以来我国的城市规划管理制度的发展分为两大阶段：计划经济体制下的城市规划管理制度和渐变；改革开放后中国城市规划管理制度的发展。

在第一阶段，城市规划管理制度被约束为行业内部技术规则和制度，探索的是对工程性、技术性领域的"物质性"设计的实施，希望保证城市规划这一系列技术类规则的完善与实现。可以认为，城市规划一旦确定，城市内所有部门、单位和个人都应以此来调整各自的行为和潜在行为，以保持与规划一致，从而达到整体最优。其作用的发挥则是作为政府职能之一，通过成为政府行政机构组织的一个部门来操作的。对于城市规划描述的宏伟蓝图，其实是依赖于外在的行政过程，强制性地加入到城市建设过程之中，这种制度设计将城市规划的服务对象局限于具有充分理性的城市政府，相信政府完全能够代表人民的利益，并且依附于政府和行政权力来完成规划的实施。在这种管理制度下，管理的僵化、效率和激励缺乏等制度弊端已经暴露，这些问题是这一时期城市规划进一步发展的巨大阻力。

在第二阶段，城市规划赖以生存的社会环境发生变化，即进入双重转型时期，城市规划管理制度设计已开始进入崭新阶段，即被动或主动地回到了有交易成本的世界。对这个不再依赖于理想的陌生世界，城市规划界从排斥到逐步接触进而进行理性的认识与探求。城市规划管理制度亦通过对自身的不断审视与反思，通过对行政管理体制改革的学习并在实践中不断趋于完善与成熟，城市规划管理制度在运行模式与实施机制方面有了深入的探索，但仍然体现着诸多计划经济下的特征。城市规划管理制度在操作层面上针对土地市场化、行政体制改革等带来的问题做了局部的调整，但实质性、结构性的变革尚不完全。

通过对新中国成立以来规划管理制度发展历程的分析，可以得到如下启示：

第一，从规划管理制度设计与制度环境的关系看，城市规划与国家的经济社会发展密切相关，城市规划的管理制度安排必须与当代中国的制度环境相吻合，必须紧紧围绕中国国情和城市发展的动态阶段特征，必须与行政制度改革的幅度及趋势相吻合。规划管理体制必须要适应一定阶段的社会经济体制，并随社会经济体制的变化而不断调整、完善自身，唯有如此，其地位才能得以巩固，其作用才能得以发挥。

新中国成立六十多年间我们经历了两种不同的经济体制。前三十年实行的是计划经济体制，城市规划作为计划经济的继续和具体化，在新中国成立之初由于与计划紧密结合取得了显著的效果，发挥了巨大作用，从宏观上把握好了工业建设与城市发展的关系，当时的城市规划管理制度安排显然适应了计划经济时代宏观制度环境的要求，是十分有效的。到了 20 世纪六七十年代，由于脱离了经济社会的发展实际，城市规划管理制度只能成为无本之木。改革开放后的三十多年，城市规划在经济社会发展中的贡献也得益于紧扣时代脉搏，在经济体制转轨的不同阶段创造性地开展工作，适时进行制度安排上的调整和创新，才使规划管理的作用得到发挥。近些年随着行政管理体制改革的深化与不确定视角下的规划管理的多元要求，原有"技术—行政"的内部化操作制度显得僵化与滞后，这也是现今规划管理失效、规划制度供给不足和需要效能补正的核心原因。历史经验表明，凡是城市规划管理工作健康发展的时期，总是由于适应了当时社会经济发展的需要，契合了政治经济体制，从而发挥了较好的促进作用。如果从制度经济学的视角加以描述的话，作为制度安排的城市规划管理制度，必须与当代中国的制度环境相吻合、相一致。

第二，从制度经济学的角度分析，规划管理在发挥作用的同时，面临无处不在的交易费用。从历次规划管理制度变迁过程看，自觉或不自觉地都是在权衡成本与收益中取舍。从计划经济体制时期到双重转型时期制度安排的更替，计划经济制度为规划管理设计了一个交易成本为零的世界；双重转型时期的规划管理回到了有交易成本的世界，在对自身的定位、约束的对象、管理制度及其实施程序设计方面都开始有了降低交易费用的优化与调整。

随着经济、社会改革的深入，规划管理的主体与服务主体扩展至政府、企业、开发商、市民等，更多行政体系内部垂直的管理交易转变为市场经济体制中平行的买卖交易。规划管理部门是原来的管理交易的行为人，其沿袭了自上而下制定规划的决策制度和以我为主审批项目的许可制度，以及自我监督的批后管理制度，当其带着浓重的指令色彩而不是平等协商的市场经济精神干预市场的时候，其实是试图用内部的管理交易费用支付外部的市场交易成本，而实际上，仅仅沿用传统的管理交易费用根本无法支付调控市场交易的成本，因此就导致了规划管理的屡屡失效。往往采用的策略是规划管理部门在现实的政府目标函数及权力范围内，以"均衡"和"边际变动"为理念，尽可能通过各种过渡性安排来延迟和减缓各种利益摩擦，并力图通过对外部增量的倚借来实现整体上的帕累托改进和熨平不均衡的分配效应，即在对外部体制主动或被动的调适中不断试错，从而实现规划管理制度的"有限合理"，其实这是一种折中的方法。实质上我们需要的是，必须变革规划管理传统的观念、方法和手段，重审其核心价值理念，对规划管理的制度安排进行全方位的改革，才能尽快适应城市建设主体和投资渠道多元化以后城市建设的新情况，有效促进城市发展，协调城市建设中的各种矛盾和利益冲突。

2.3.2 旨在效能优化的城市规划管理制度再造述评

2.3.2.1 国外规划管理制度的经验借鉴

在接下来的章节中，笔者在对美国、英国、德国、日本、新加坡以及中国香港、台湾地区规划管理制度系统研究的基础上，筛选其中与管理效能优化直接相关，并有利于在我国现行的制度环境下进行制度设计的理念创新、方法借鉴和移植的案例城市经验进行综述，以期对后续章节中我国效能型规划管理制度的构建提供参考和借鉴。

1. 美国凤凰城规划管理制度

在美国行政改革的大潮中，采用城市—经理制①的城市总是领先一步，在城市管理诸多方面取得了突破性的进展，凤凰城是其中一个典型案例，其高效运转的管理经验在美国有口皆碑，被德国贝塔斯曼基金会授予"世界城市管理最佳奖"的荣誉称号。2000 年，全美政府业绩评估研究小组在认真研究比较了美国35 个大城市的综合指标后，评定凤凰城为管理最好的城市，是唯一一个总分为A 级的城市。

在规划管理体系的构建方面，凤凰城的规划管理体系十分强调公众参与，形成了政府与非政府组织共同治理的规划管理体系。即除政府行政管理机构外，还设立了一系列参与立法及执法的非政府机构：市规划委员会、市城区规划委员会、市调解委员会、市设计审查标准委员会、市设计审查申诉委员会、市建筑申诉委员会、市修缮申诉委员会、市历史遗产保护委员会、市发展顾问委员会等。委员会成员大多是具有专业知识的市民志愿者，通过申请由市议会正式任命，其成员构成、选拔条件、任期、权力与责任都是法定的，保证了多元利益主体参与规划管理的全过程。

在规划行政管理机构设置与职权划分方面，在凤凰城，规划的编制（含区划调整）、审批与规划建设管理职能分属两个不同的政府部门。市规划局负责研究、制定规划及其实施管理的法规和手段，其主要职能包括：研究城市发展条件及目标、政策；编制政策性规划及开展对问题地区的研究；促进、督促和公布各类规划及区划条例、细分法令的实施，并及时调整和修编；提供有关区划法令的审查、修改及管理服务。市发展服务局负责履行地块细分审查程序，对地块细分、建筑新建和改建、现有建筑改变使用性质等进行审查，并在其达到有关法规的要求后统一登记或发放建设许可证和最后的使用许可证，同时监控建设全过程，以确保项目质量和安全。这样的体制有利于规划建设管理的法制化，有利于对规划的实施和操作的监督，保证城市建设目标及标准的落实，从而提高政府服务效率。

在规划管理运作模式方面，凤凰城地方政府非常重视规划编制调整和规划法令的制定工作，投入大量人力、物力从事规划研究，而规划法令一旦形成，建设项目审批只是照章办事，依据程序运行。负责规划建设管理职能的发展服务局只

① 概括起来，美国城市管理的模式主要有三种：城市委员会制、市长—市议会制和城市—经理制。

设发展服务中心作为"一站式联合办公窗口",设"北区""南区"两个部门负责处理相关地区的全部审批工作,不按照专业分工模式,而是采用"任务小组"的模式运行。项目的审查全过程实际上作为内业由北区和南区两个部门完成。凤凰城发展服务局组织机构示意图如图2-1所示,凤凰城地方规划局组织机构示意图如图2-2所示。

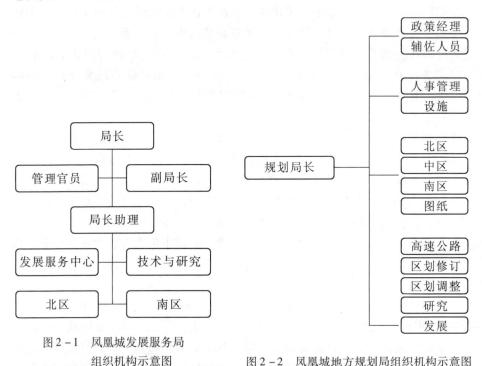

图 2-1　凤凰城发展服务局
组织机构示意图

图 2-2　凤凰城地方规划局组织机构示意图

2. 英国伦敦规划管理制度

我国的规划管理体制与英国的规划管理体制有非常大的相似性,英国的规划行政管理体系同样具有中央集权的特征,中央政府的环境部(现改为环境、运输和区域部)是城市规划的主管部门,制定有关政策和法规,并有效地干预地方政府的规划决策。地方政府掌握了大部分涉及具体开发的规划决策权,英国的规划决策体制也是完全在行政基础上的,所有的开发申请和申诉都局限于行政体系,而且也采取判例式审批管理体制。因此,研究有着较高行政效率和公共服务质量的伦敦规划管理制度,并进行梳理很有参考价值。

在组织规划编制和审批方面,发展规划的编制过程包括磋商、质询和修改三个阶段。公众参与是地方规划编制过程的重要环节。在磋商阶段,通过各种方式对规划草案进行为期6周的宣传,使社会各方都有机会了解规划和发表意见,主要磋商对象是相邻地区的规划部门、市政和公用设施部门,以及有关的中央政府部门。在磋商的基础上,地方规划部门对规划草案进行必要的修改,然后提交大伦敦政府的规划部门，以审核地方规划是否与空间战略规划相符合。完成各种磋商以后，规划部门公布规划进行为期 6 周的公众质询。如果没有任何意见，规划就被采纳。地方规划部门将对按照规定程序提出的所有书面意见进行分析，首先是以非正式的方式与提出意见各方进行沟通，试图解决分歧。如果不能解决分歧，就要举行公众听证会。听证会必须提前 6 周通知当事双方。听证会将由环境与交通大臣任命的规划监察员主持，听取双方陈述的证词和提供的证明，监察员提出是否需要修改以及如何修改地方规划的书面建议。地方规划部门有权决定是否采纳监察员的建议，并且对每项决策做出正式陈述。监察员的建议、地方规划部门的决策，以及对于地方规划的任何重要修改都要公布于众。如果地方规划部门认为所有的意见已经得到妥善处理①，于是发出告示，并在 28 天后正式采纳地方规划。在地方规划被正式采纳后，任何人提出异议，并要求修改规划，只能向高等法院提出申请。一般来说，通过司法途径来质疑地方规划的可能性不大，除非规划编制不符合法定程序。

在建设项目的规划管理方面，主要包括规划申请、规划许可和规划上诉三个环节。需要规划许可的开发活动必须提出规划申请，但针对不同的情况有不同的处理，如对于较为大型的开发项目可先提出概要规划申请，对于周边地区具有显著影响的开发项目，规划申请必须进行公众通告，还可以要求开发商在规划申请中附有环境影响报告等附件。有两类建设工程项目可以不需申请规划许可，分别是 General Development Order 中规定的"允许建设工程项目"和 Use Classes Order 中规定的"不须申请规划许可的建筑使用性质的改变和用地性质的改变"。在规划许可环节，开发控制的主要依据是地方规划和环境与交通部的有关政策性文件。在处理规划申请时，规划部门必须与有关的社会团体和政府部门磋商。一般的规划申请由规划人员来处理，比较重大的规划申请则由区议会的规划委员来决策，他们将听取专业人员的评述、社会团体的建议和一般公众的意见。规划部门必须在收到规划申请后的 8 周内做出决定，包括无条件许可、有条件许可和否决三种可能结果。所有的规划许可都有时间限制②，在规划许可的有效期限内如果开发商没有动工建设，规划许可就会失效。根据《城乡规划法》，环境与交通事务大臣有权抽查任何规划申请，并且做出开发控制的决策。一般来说，环境与交

① 如果地方规划部门接受监察员的所有建议，同时认为这些建议并不构成对地方规划的实质性影响，于是发出告示，并在 28 天后正式采纳地方规划。如果监察员的任何一项建议没有得到落实，地方规划部门必须允许在 6 周内对此提出异议。如果地方规划部门接受监察员的建议，并对地方规划进行了实质性修改必须刊登告示，允许在 6 周内对修改部分提出异议。在上述的第二三种情况下，只能针对监察员建议的修改部分提出异议，如果不能通过磋商解决分歧，则有可能举行第二轮听证会，但这种情况并不常见。

② 概要规划许可的有效期限是 5 年，详细规划许可的有效期限是 2 年。在获得概要规划许可后的 3 年内，开发商必须提出详细规划申请。

通事务大臣抽查的规划申请都是比较重要，或需要跨界协调等的，这些重大的开发项目一般要举行公众听证会，然后进行决策。在规划申请被否决或规划许可附加条件的情况下，如果开发商不服，可以在 6 个月内提出上诉。规划上诉包括三种方式，分别是书面陈述、非正式听证会和正式的公众听证会。一般的规划上诉由监察员代表中央政府来处理，重大的规划上诉由主管内阁大臣根据监察员的建议来决策。在书面陈述的方式中，上诉者和规划部门分别提交书面陈述，监察员在审阅了双方的书面陈述和踏勘现场后做出决定。在非正式听证会的方式中，当事双方事先要呈交书面陈述材料，监察员将与双方讨论相关事宜，还要进行现场踏勘，然后做出裁决。正式的公众听证会具有准司法的特征。当事双方都有律师作为代表，并请专业人员提供证词。监察员根据双方证词和现场踏勘情况做出决定。在通常情况下，从提出上诉到举行公众听证会花费 6～9 个月时间。环境大臣的决定是最终行政裁决，如果对此不服，只能向高等法院提出申诉。申诉理由只能是开发控制的决策超越了法定权限或者不符合法定程序。

作为采用自由裁量权限比较大的规划管理体制以及相对比较灵活实施机制的城市，伦敦政府严格各阶段管理的程序设置，并实行政策制定、规划许可申请的开发谈判和规划督察裁决相结合的"事中"监督方法，强化上级政府对下级政府的监控权，而且将公众参与贯彻到规划管理的全过程中，从制度和机构设置上都已完善了公众参与监督的途径，并有严格的法律程序作保障，规避了规划管理过程中可能出现的失效。

3. 案例城市规划管理制度设计的启示

第一，规划管理过程是不同利益代表参与的过程。政府机构相对于城市来讲是典型的"小政府，大社会"，政府之小，主要表现在政府的权力及其行使过程。政府规划管理的每一环节都有市民和相关部门等利益代表的参与，每一个具体项目的审批都以市民的公共利益为基准，政府规划管理的全过程皆处在市民利益的监控之下。同时，政府在规划管理中扮演的角色只是立法的忠实守护者和代理大众共同意愿的执行者，规划决策审批和开发许可审批的管理过程除对规划技术的评估外，更关心对不同利益关系的评估。这样，就避免了在后续实施管理过程中可能出现的激烈博弈，保证了规划管理的高效运转。

第二，规划审议与规划建设管理过程的适当分离，也就是将规划的法规决策权与管理决策权交由不同的职能部门负责。前者主要负责立法、修法服务，后者则是依法进行发展建设审查服务，前者对后者起到监督、解释以及调解、处理争议的作用。这样的权责划分保证了法规决策机构可以有充分的时间和精力，处在公正、公平的视角研究实施管理的法规与手段，并规避了"裁判员"与"运动员"合一的现象，对于保证规划管理目标的层层落实、规避管理人员设租与寻租现象、开展机构之间相互监督与反馈的工作提供了体制方面的保障。

第三，规划管理过程程序化与法制化的重要性。对规划编制与审批过程，开发项目申请与许可过程，事前、事中、事后的上级机构监察及公众监督过程，设置科学的规划管理程序，并将其纳入法制轨道，提供立法、机构与程序上的保障。保证了各方意见的及时和全面参与，排除了某一方面的单独利益或单独意见对整个规划管理过程的决定性影响，也避免了无限期或反复编制、审批、复议与上诉现象的出现。

第四，重视城市规划实施管理及其实施机制。对于以"判例式"为主进行规划许可管理的国家，由于其灵活性较强而客观性稍显不足，上级政府对下级政府的规划管理应有较强的监控权，并且应该将监察过程提前到事前与事中来，下派规划督察员是一种有效的工作方式。另外，由于在规划决策管理过程中行政力量占到较大比重，要特别重视行政体制外的公众监督体系的构建，在城市规划编制、实施和管理的所有过程中，要求公众全程参与，并通过立法和机构设置保障全民监督的实施，充分体现政府服务以社会公众为导向的新公共管理特色，增强对社会公众需要的响应力。

第五，构建政府与非政府组织共同治理的规划管理体系。独立于政府权力之外的多元化社会组织的充分发展，是实现高效率的政府决策必须具备的重要条件。因此，除了完善规划行政管理组织，并合理划分其职责、权限外，设立一系列参与规划立法、执法与监督的非政府机构——各级、各类委员会，是使得原本封闭的政府管理变为公开透明的社会管治，从而进一步提高公共服务能力和管理效能的重要举措。

2.3.2.2 国内城市规划管理制度的相关探索

在城市快速发展的进程中，现行的规划管理体制与运作机制日益体现出效率低下甚至失效的现象，城市建设和规划管理要求加快制度方面的改革。在行政效能已经成为中国行政体制改革核心价值观的背景下，国内很多城市都先后开展了旨在优化管理效能的规划管理制度的探索工作。

1. 决策与执行的部分分离——城市规划委员会制度的探索

随着政府对城市建设的全额投资和控制的不复存在，代之以多元化的投资主体局面，各种利益主体也越来越要求在决策中有更大的"话语权"。针对城市规划行政普遍面临着编制、审议、执行、监督方面实际存在的"四合一"现象，学术界普遍呼吁这四大功能应该形成一个网络关系，而不是线性关系，并将决策制度网络化的形成寄希望于规委会制度的建立。

1998 年，深圳市[①]在学习香港的基础上通过立法的手段，在国内首创城市规划委员会制度，目前，我国几乎所有省会级城市及部分地级市已有规划委员会

---

①《深圳市城市规划条例》采用独立专章（第 2 章），总共五个法条的形式，规定了城市规划委员会的法定地位、职责、委员数目、机构设置、表决形式等，与此配套的《深圳市城市规划委员会章程》依此进行了具体的规定。

（下文简称为"规委会"）。综合相关研究成果的结论①，根据规委会在不同城市地方立法获得的支撑以及在可操作层面规划决策权限的差别，可概括为三种类型：第一，咨询协调型。由市政府聘请有关专家与相关专业领导组成，主要对重大城市规划与建设决策提供顾问与咨询（或审议），会议的决议仅仅是行政决策的一个参考意见，对城市规划事务干预能力最弱，并且也未纳入政府的行政程序，是一个非法定性的机构，我国绝大多数规委会属于这种类型。第二，行政型。法定的决策机构。规委会由城市政府依法设置，其作为一个法定组织，对城市规划和相关重大事务进行审议，在政府的行政序列中有明确的程序，发挥较强的管理决策能力，此外还对许多城市规划事务具有明确的审批职能，所做出的决议不是决策参谋意见，而是代政府决策，必须加以执行，其性质表现为法定决策机构，比如深圳市城市规划委员会。第三，立法型。规委会由权力机构委任，其所做决策代表全体人民利益，即相当于城市规划领域的"议会"或者"人民代表大会"，效力高于行政决策，不仅监督行政机构，而且能对其发号施令。政治性高于技术性是此类城市规划委员会的特征。实行区划的美国城市具有立法型城市规划委员会特征。在美国，城市规划委员会通常是议会下的一个机构对议会负责，拥有规划决策权，负责编制综合规划和区划法规，批准对土地细分的许可，审批有条件使用许可和对区划条例的一些调整。城市规划委员会通常是一个较为纯粹的立法机构，具体执行由行政机构中的规划管理部门来负责，这是与其立法、行政、司法"三权分立"的模式相对应的。

目前，我国尚没有立法型的规划委员会制度模式，从国内咨询协调型和行政型规委会运作过程的比较和决策有效性的角度看，行政型（深圳）规划委员会制度②是比较成功的范式。第一，它结合了"代议制"的集体决策和"首长负

----

① 分类方法参考了郭素君. 对深圳市规划委员会身份的认识及评价［C］//中国城市规划委员会. 规划 50 年——2006 年中国城市规划年会论文集：城市规划管理. 北京：中国建筑工业出版社，2006：275 - 281；周丽亚. 行政型城市规划委员会模式初探——兼论深港城市规划委员会制度［C］//中国城市规划学会会. 规划 50 年——2006 中国城市规划年会论文集：城市规划管理. 北京：中国建筑工业出版社，2006：289 - 302.

② 深圳市城市规划委员会由 29 名委员组成，委员包括公务人员和非公务人员。其中公务人员不超过 14 名。设主任委员 1 名，由市长担任，设副主任委员 2 名，由常务副市长和主管城市建设的副市长担任，其余公务人员委员由各区区长、计划经贸方面、文教卫生方面、农林方面、城建方面等代表组成。非公务人员委员由有关专家和社会人士组成。设秘书长 1 名、副秘书长 2 名，分别由市规划主管部门首长和业务主管首长担任。

根据审议项目类型的不同和工作分工，设立 3 个专业委员会：发展策略委员会、法定图则委员会和建筑与环境艺术委员会。其中法定图则委员会由 19 名委员组成，设主任委员 1 名，由深规委秘书长兼任。设副主任委员 1 名，由副秘书长兼任。其他委员由市规划主管部门及有关部门的公务人员代表、有关专家和社会人士组成。各专业委员会的委员由市规划委员会聘任，任期五年。

责制"的个人决策的优点，充分发挥了集体的智慧，有利于减少行政长官个人意志所带来的弊病。把不同知识结构、专业和利益背景的人士集合起来，进行集体决策，有利于规划过程的公平性与科学性，也使规划更容易得到社会各阶层的理解，有利于规划的实施。第二，从制度设计及其履行职能看，作为决策性委员会，其决策权集中反映在对法定图则这一重要操作层面规划拥有最终的审批权上①，履行了部分原本属于政府和规划主管部门的职责，同时也相应地承担了部分责任，部分实现了规划决策与执行的分离（施源，2005），降低了政府的责任和压力，有利于减少由于规划带来的社会矛盾。第三，在较大范围内调动了市民参与规划的意识和热情，取代规划零星的监督为有组织的监督，促进了规划实施机制的建立和完善。

2. 权力的纵向转移——分级规划管理制度的探索

随着市场经济的进一步完善和发展，根植于官僚式层级体制的集权式规划管理体制模式屡屡出现失效，城市建设与社会发展要求政府在行政管理权限上有所变革。从行政组织内部体系的市与区的关系看，分权要求逐渐明晰化（雷翔，2002）。与行政体制改革的步伐相吻合，市规划局与区规划局的职能和事权划分也在各地规划机构展开。

上海的城市规划分级管理经历了四个阶段：1984 年，按照"事权下放，分权明责"的指导思想，上海迈出了管理制度变革的第一步，城市规划管理随之实行分级管理；1986 年，上海的城市规划管理进入以效率为核心、市区两级管理机构调整的阶段，初步形成了市区两级城市建设与管理网络；1992 年，上海进一步理顺了城建管理的新旧体制转换，统一规划，分级管理，市区两级管理分层完善；1996 年，以提升管理效能为目标，上海提出了"建设与管理并重"的指导方针，进一步推进管理重心下移，构筑中心城"两级政府，两级管理"和郊区"三级政府，三级管理"的新型体制，充分发挥区、街道、乡镇在城市建设和管理中的积极性②。在职权划分方面，市规划委员会协调城市规划和城市管理、城市发展政策之间的关系，并对城市规划实施提供指导性的决策框架；市规划局则负责城市规划政策的制定和实施，对各区、县规划主管部门进行业务上的领导和监督，间接参与城市建设的规划管理；区、县政府负责所辖地区的城市规划实施；区、县城市规划主管部门进行直接的城市建设规划管理。也就是说，根

① 法定图则委员会的主要职责：对规划主管部门提交的法定图则年度编制计划草案提出审议意见；审批法定图则或对指定由市规划委员会审批的法定图则草案提出审议意见；负责协调法定图则草案编制过程中各行业主管部门之间的意见分歧，及对社会公众的各类申诉做出裁决；负责监督法定图则的实施，并对已批准法定图则范围内的地块修改申请和对违反法定图则的建设行为的申诉提出裁决意见；市规划委员会授予的其他职责。

② 上海市城市规划管理局. 上海城市规划管理实践——科学发展观统领下的城市规划管理探索［M］. 北京：中国建筑工业出版社，2007：239 – 242.

据政府机构的框架进行职责的划分和组合，适当调整市、区两级政府的规划管理职能，强化市规划局在规划制定和实施监督中的作用，强化区、县规划管理部门在项目管理中的职责，形成更加有效的管理合力。

在分级管理思潮的影响与上海成功实践的带动下，很多城市，如成都①、佛山②等都开始了管理重心下移、分级管理的实践。从各地的情况看，市、区在纵向体系上的分权明责积极作用是明显的：第一，提高了规划管理的有效性和效率。市、区分权改变了政府的权力结构，一方面减少了市规划局的工作量，使其有条件更多地关注涉及全市经济和社会发展的全局性问题；另一方面，基层规划机构信息的收集与反馈更加准确，可以缓解信息不对称带来的市一级政府的"无能"，如违法建设的屡禁不止。第二，市、区分权使规划管理体系内的责任、权力和利益更加趋于平衡，与行政体制改革的财政权下放政策吻合，充分调动了区规划局参与、管理、监督辖区范围内城市建设的积极性。

当然，分级管理也可能带来重复建设、腐败扩散等负面现象。从运作结果看，有以下几点是需要注意的：第一，规划权力下放的关键是对于市、区规划管理事务的界定，要弄清哪些是影响全市人民的事情，哪些是区内的事情。第二，要根据城市规划工作量和区规划局的工作能力（需要处理的信息量和处理能力）确定权限分配问题，一般情况下，大都市由于城市问题复杂，项目种类多，建设量大，分级管理是符合大都市特点的管理模式之一，在中小城市，要特别把握分权的度。第三，要有完善的城市规划制度法律、法规、规章制度建设作保证，就是要建立各级政府、政府部门之间的目标责任体系，只有将所有的部门和机构统

---

① 2007 年，成都市政府下发了《关于进一步改革全市城乡规划管理体制的意见》。建设项目规划审批实行属地管理。各郊区（市）县建设项目规划审批实行属地管理，除省级以上重大建设项目由市规划局转报上级部门审批外，建设项目"一书三证"（《建设工程选址意见书》《建设用地规划许可证》《建设工程规划许可证》和《建设工程规划验收合格证》），不再报市规划局审查或备案，由当地规划局统一负责审批管理。按照重心下移的原则，中心城区建设项目的"一书两证"（《建设工程选址意见书》《建设用地规划许可证》和《建设工程规划许可证》）审批管理由市规划局各规划分局统一负责。同时，各地将切实简化审批程序，提高规划行政效能，确保建设项目规划审批承诺时限。建设项目的规划审批均纳入规划政务中心统一受理和集中办理。

② 佛山市实行宏观决策和实际操作分级管理的体制模式。即以"两级政府，三级管理"的城市管理体制，实行宏观决策和实际操作分级管理。

两级政府指由市政府和区政府领导，三级管理指由市规划局、区规划分局和镇规划管理部门进行覆盖全市域的规划管理工作。区规划分局由所在区人民政府和市规划局双重领导，即区人民政府实行行政领导，市规划管理局实行业务领导。各区设立规划分局，各分局日常的人、财、物由区政府管理，市规划管理局保留成立初期和一定时期的人员调配权，以适应业务和机构改革之需。在统一规划审批、统一管理法规、统一业务领导的原则下，明确市、区两级城市规划的管理权限和责任。

一在城市发展目标的方向上，相互之间才能有真正的协同。第四，正是因为有了分工，就需要对分工后的行为进行监督，任何政府机构和个人的行为都必须在制度框架内，这就需要建立一整套完善的惩治措施来限制任何逾越的行为。

3. 分类审批程序——规划局"绿色通道"规划许可制度的探索

在城市建设飞速发展的时代，"一书两证"规划许可的繁冗程序，降低了规划行政的运作效率，使很多投资外流，也导致了一些单位或个人待批过程中的违法建设现象。

重庆市（2005）为了适应城市建设的需要，提高行政审批效率和服务水平，制定了《重庆市规划局"绿色通道"审批程序暂行规定》。凡是对城市经济社会发展有重大影响，并经市领导指定或市规划局业务办公会确定进入"绿色通道"的建设工程项目，在实行业务办公会制度、窗口制度、公开制度、一次性告知制度、限期办理制度、签收制度的同时，按照"优先办理"的原则，及时会审或召开专题会议，高效办理行政许可。进入"绿色通道"的建设工程项目，各项规划行政许可的决定，均须自同意受理次日起五个工作日内做出。不能在五个工作日内做出的，经由市规划局分管领导批准，可延长至十日。针对此类审批许可项目，制定了专门的审批程序①。

在深化审批制度改革理论和实践的影响下，昆明市（2006）制定了《昆明市投资项目"绿色通道"审批程序》，大同市（2007）制定了《重大投资项目审批"绿色通道"暂行办法》，无锡市（2008）制定了《无锡市重大项目审批绿色通道实施细则》，宿迁市（2008）制定了《市规划局特别快车、绿色通道服务制度》等。

总体而言，我国现在分类审批的实践大多还是针对重大项目（如国家、省、市重点项目年度计划安排的项目，投资总额巨大项目），其实只要符合规划条件的项目就可以备案式审批。比如香港有些项目的审批是"立等可取"的，具体可分为三类：一类是许可的，一类是限制的，一类是禁止的。建设项目只要属许可范围内的，马上就可以备案式审批；限制类的项目，需要经过研究论证；禁止类项目，则没有商讨的余地，即使特首批了也不行，这就大大提高了规划审批效率。通过控规公开，公众对哪些项目不能建设，哪些项目可以建设了解得一清二楚。规划局对符合许可标准的项目审批是"立等可取"的，这样建设单位可以

---

① 审批程序如下：

首先，报建受理单位在一个工作日内准备好有关材料，及时报市规划局相关处室组织会审。

其次，市规划局相关处室自收到材料后一个工作日内组织会审，并在当日内向市规划局分管领导汇报，做出决定。

最后，在做出决定并完成相关工作后，报建受理单位一个工作日内核发有关规划手续或函复报建单位。

尽早开工，这样的规划审批管理就可以捕捉任何可能发展的机遇，这样的管理才真正具有了行政高效率。

2.4 本章辅证和附录

本节重在整理新中国成立以来城市规划管理制度的发展历程①。

2.4.1 计划经济体制下城市规划管理制度的发展

1. 20世纪50年代的创建期

作为国家制度的组成部分，新中国成立初期我国效仿了苏联，即建立了与社会主义计划经济制度相配套的城市规划管理制度。这是一次整体性、突进式的制度设计，作为填补制度空白式的制度设计，这种整体移植在制度设计的成本上是最低的。

在国民经济恢复时期，为了迎接大规模有计划的经济建设，国家对城市建设和规划管理工作的开展给予了足够的重视，在国家建工部成立了城市建设局，地方各城市也都建立健全了城市建设管理机构，在一些重点城市还成立了建设委员会。建设委员会一般有两个常设机构，一是规划设计机构，负责规划设计工作；另一个是监督检查机构，负责监督检查一切建设工程。

这一时期也是我国城市建设部门，特别是规划管理机构的隶属关系、管理体制等变动较为频繁并日趋完善的时期。1953年3月，建设工程部内设城市建设局，下设城市规划处；同年7月，国家计委设置了城市建设计划局。随后，北京和其他省会一级的城市也逐步建立和加强了城市规划管理机构。随着重点工程建设的展开，在一些重点工程较多的城市，先后成立了城市规划与工业建设委员会，组织开展城市规划管理工作及协调重点项目建设中的矛盾，结合重点项目的建设，全面组织城市的生产和生活活动。1954年8月，建工部城市建设局改为建工部城市建设总局（翌年4月又升格为国务院直属的城市建设总局），负责城市建设的长远计划和年度计划的编制和实施，参与重点工程的厂址选择，指导城市规划的编制。1954年11月，国家建设委员会成立，国家计委的原城市建设计划局划归国家建委，改名为城市建设局，负责全国城市建设计划的综合安排，制定城市建设的政策、法规制度，组织城市规划的审批。至1956年5月，国家建委将城市建设局划分为城市规划局、区域规划局、民用建筑局三个局。与此同时，国务院撤销了城市建设总局，成立了城市建设部，内设城市规划局。

这一时期，在大规模建设的背景下，与规划管理相关的配套制度和实施机制也在逐步建立和完善。1956年，国家建委配合重点工程的建设，初步摸索并实行了一套城市规划实施管理的制度。在城市用地管理制度方面，1953年12月，

① 高中岗. 中国城市规划制度及创新 [D]. 上海：同济大学，2007.

政务院公布了《关于国家建设征用土地办法》①。在规划管理过程中，对建设单位的用地要求一般都容易满足，因为土地属于公有，实行无偿使用，所以一些重点建设征用土地时，基本上是按照建设要求一次划拨的，由建设单位和地方政府统一办理征用土地的补偿手续。没有重点建设项目的城市，通过城市规划管理部门办理用地的手续和做法也比较简单，因而这一时期也出现了圈大院、多征少用或征而不用等浪费土地的现象。在建筑管理制度方面，由于重点工程大多集中在新建区，一般都采用集中统建的办法，由有关部门组成专门的规划建设管理机构，统一负责建设管理和审查；普通的建设项目则由城市规划部门对具体建筑物进行常规的审查。这种建筑管理方式一直延续到"文化大革命"前夕。

2. 20 世纪 60 年代波折和破坏时期

从 1958 年以后，全国各个行业逐步开始出现了"大跃进"和"左倾"冒进的倾向，并在城市规划管理领域很快有所反映和表现。1960 年 5 月召开的桂林会议，更是起到了推波助澜的作用，此后，城市建设领域开始了全面的"大跃进"，城市规划指导思想开始出现了明显的偏差和失误，城市规划行政工作开始脱离实际。1960 年 11 月召开的全国计划工作会议上，提到了"四过"问题（即规模过大、占地过多、求新过急、标准过高），宣布"三年不搞城市规划"，由于这一错误决定的影响，各地城市规划管理机构纷纷被撤销，大量城市规划人员被精简。

在管理体制和机构设置方面，由于从 1958 年以后先后经历了"大跃进"、"左倾"冒进和"三年不搞城市规划"等指导思想上的大起大落和曲折混乱，这直接导致了 20 世纪 50 年代末到 20 世纪 60 年代初管理体制和机构方面的频繁变动。1958 年 2 月国务院决定撤销国家建委，有关管理职能分别转移到国家计委、国家经委和建工部。同时，撤销城市建设部，城市规划和城市建设工作重新划归新的建工部领导，下设城市建设局，具体主管全国城市规划和建设工作。1958 年 10 月成立了国家基本建设委员会。到 1960 年初，城市规划和区域规划工作从建工部的城市建设局划出来，成立了城市规划局。1960 年 9 月，建工部城市规划局及其城市设计院又划归国家基本建设委员会领导。1961 年 1 月，国家基本建设委员会被撤销，城市规划局以及城市设计院划归国家计委领导，改称城市建设计划局，主要的任务只是进行调查研究工作。1964 年 4 月，该局又划归国家经委领导，改称城市规划局，同时撤销了城市规划研究院。在此期间，机构分分合合，隶属关系不断变化。先后隶属过国家建委、城市建设部、建工部、国家基本建设委员会等，机构的名称也不断改变。到 1965 年 3 月再次成立国家基本建设委员会时，起初便没有设立城市规划局，后来虽然设立了，但人员编制做了较大压缩，减为 30 人，并且规定其任务只是做调查研究，既不得编制城市规划，

---

① 1958 年 1 月，国务院又公布了新的《国家建设征用土地办法》。

也不对地方进行业务指导，这样，城市规划工作也就名存实亡了。这一时期的发展脉络非常典型地反映出充满"波折"的特点。此后一直到"文革"结束，我国城市规划陷入了反复、徘徊、削弱乃至停滞的境地。

"文化大革命"时期，城市规划及规划管理工作受到更大的冲击，特别是1966年下半年至1971年，是城市规划和建设遭受破坏最为严重的时期。"文革"一开始，国家建委城市规划局和建工部城市建设局停止了工作，1969年5月，建工部城市建设局被撤销，同年10月，国家建委城市规划局被撤销，1970年6月，建工部亦被撤销。相应的，各城市也纷纷撤销城市规划建设的管理机构，规划工作人员被下放，城市规划工作被废弃，城市规划管理被说成是"管、卡、压"，从而导致城市的规划管理、建设活动陷入了无人管理、极为混乱的无政府状态，城市规划被认为扩大了城乡差别、工农差别，是修正主义。

规划管理相关的配套制度和实施机制建设也近乎停滞。在城市用地管理制度方面，20世纪60年代初期，国务院还专门发文规定了省、市、县各级政府审批建设用地的权限，规定一般农田3亩（约2000平方米）以上、菜田1亩（约666.7平方米）以上必须报省人民政府批准。但在"大跃进"时期，由于规划多是快速完成的粗线条规划，在规划管理上，很难达到防止乱建的目的。在这段时期，由于行政制度的缺失，一方面规划管理废弛，到处呈现出乱拆乱建、乱挤乱占的局面；另一方面又片面要求节省土地，在旧城改造中出现了见缝插针的现象。建设项目也基本上失去了正常管理，大多是以当权者的意志来决定，因此出现了诸多问题。

3. 20世纪70年代起伏和复苏时期

"文革"后期，情况虽然稍有转变，但并未完全步入正常轨道。在周恩来总理的关心和指示下，北京市城市规划局的机构首先得以恢复，这对全国各地城市规划工作的恢复起到推动作用。1971年1月，国家建委召开了城市建设座谈会，桂林、南宁、广州、沈阳、乌鲁木齐等城市的规划工作，先后开展了起来。1972年12月，国家建委设立了城市建设局，统一指导和管理城市规划、城市建设工作。

1973年9月在合肥召开了城市规划座谈会，这次会议讨论了《关于加强城市规划工作的意见》《关于编制与审批城市规划工作的暂行规定》和《城市规划居住区用地控制指标》三个文件，对全国城市规划及管理制度建设是一次有力的鼓舞和推动。会后西安、广州、天津、邢台等城市陆续开展规划工作，不少城市开始成立了城市规划管理机构，多年来被废弛的城市规划编制和管理工作开始出现转机和复苏。在城市规划实施管理方面，各城市虽然能够逐渐按照有关规定进行管理，但并未完全纳入正常的轨道，这种状况一直延续到20世纪80年代中期，在《城市规划条例》颁布以后，才有所好转。

2.4.2 双重转型时期中国城市规划管理制度的发展①

1. 20 世纪 80 年代以来的全面恢复和发展时期

1980 年 10 月召开的全国城市规划工作会议上，国务院副总理谷牧代表国务院首次提出了"市长的主要职责就是规划、建设、管理好城市"的著名论断（并写入了会后国务院批转的《全国城市规划工作会议纪要》当中）。会议系统地总结了城市规划和规划管理工作的历史经验，批判了取消城市规划和忽视规划管理的错误；会议讨论通过了《城市规划法草案》，并开始推动城市规划工作走向法制化的轨道，为城市规划工作及制度建设指出了正确的方向；会议提出了城市土地有偿使用的建议；会上还对队伍建设和人才培养也提出了要求。这次会议极大地推动了我国 20 世纪 80 年代的城市规划工作。

在管理体制和机构设置方面，1979 年 5 月，国家城市建设总局成立（直属国务院，由国家建委代管），下设城市规划局，随后，各省、直辖市、自治区的建委也普遍设置了城市建设管理机构，大城市一般设立了城市规划局，中小城市都设有城市建设局，自此全国从上到下，加强了城市规划和建设管理机构。1982 年 5 月，撤销国家建委、国家城市建设总局，成立了城乡建设环境保护部，内设城市规划局。这一时期，城市规划和规划管理工作越来越受到重视，1983 年 1 月，为了加强首都的规划管理工作，确保规划的统一实施以及在协调各方矛盾方面的权威性，北京成立了首都规划建设委员会。随后，上海、杭州等城市也相继成立了由市长负责的城市规划建设委员会，加强了对规划管理工作的领导。1984 年 7 月，城乡建设环境保护部城市规划局改由国家计委和城乡建设环境保护部双重领导（这种体制一直持续到 1988 年 5 月），在组织上为规划和计划的结合创造了条件，加强了城市规划工作的地位。1988 年，撤销城乡建设环境保护部，成立了建设部。

在这一时期，城市规划管理制度有了一系列的转变。第一，城市土地管理体制的改变与城市土地有偿使用制度的改革，对城市建设机制、模式以及城市建设的资金来源等都产生了影响，"一书两证"规划管理制度就是与其相匹配的制度设计。第二，建立起一种综合开发、房地产经营与城市规划管理之间的互动机制。这是对城市规划观念、方法的一次突破，并使城市规划工作的核心环节——城市土地和空间资源的合理配置真正转向以市场为基础进行配置，适应了转轨时期的城市建设和发展要求。第三，奠定了我国现行城市规划制度的基本框架。这也是这个时期城市规划制度建设的主要成就，包括城市规划法律、行政法规、地方法规的创立以及规划管理机构的健全和完善。1982 年 5 月，国务院公布了

---

① 彭阳，罗吉. 建国后中国城市规划制度发展的历史轨迹——制度经济学视角的制度变迁分析 [J]. 现代城市研究，2006（7）：70 – 76.

《国家建设征用土地条例》。1984 年 1 月，国务院正式颁布了《城市规划条例》，这是城市规划和建设管理方面的第一部行政法规，对城市土地使用管理、建设规划管理等有关方面的内容，都做了明确的规定。在 1984 年《城市规划条例》的基础上，1990 年 4 月起《城市规划法》正式实施（1989 年 12 月由全国人大常委会通过和颁布），这是新中国成立以后有关城市规划与建设的第一部重要法规，使得城市的规划和管理摆脱了 40 年来单纯依靠行政命令的工作方式，标志着中国的城市规划从此走上了有法可依的法制化、制度化轨道，也意味着城市规划指导思想的重大进步。《城市规划法》中完整地提出了城市发展方针、城市规划的基本原则、城市规划的编制要求及"一书两证"的实施管理制度等，初步建立了中国城市规划的体系，奠定了我国现行城市规划制度的基本框架。

2. 20 世纪 90 年代以来继承和创新时期

进入 20 世纪 90 年代以来，面临新的经济体制转轨，城市发展出现了前所未有的复杂性和矛盾性，规划工作也面临着前所未有的机遇和挑战，城市规划处在逐步完善原有行之有效的方法，同时积极探索市场经济体制下的新思想、新方法的时期。《城市规划法》自 1990 年 4 月起正式实施后，为各地的城市规划编制和管理工作提供了有力的依据，对全国规划工作的开展和深化以及制度建设起到了巨大的推动作用，城市规划从此走上了有法可依的法制化、制度化轨道。以此为契机，各地城市规划管理部门也认真制定和执行相应的配套性制度，调整机构设置及职责权限，开创了城市规划管理工作的崭新局面。

在管理体制和机构设置方面，1989 年建设部组建成立城乡规划司，在中央政府的层面上完成了城乡规划管理在形式上的统一，但就全国的整体而言，城乡分割管理的局面并未有实质性的改进。尤其是对城乡统筹协调发展的状况还没有很好的管理制度。各城市的城市规划管理体制由单一的集权式管理体制转为集权式和分权式管理体制两大类别共存，即在一些大城市（如上海），市规划管理局实行简政放权，赋予区级规划管理部门一定的权力。为了便于领导，区一级对口设立相应机构（区规划局），并清晰界定市、区两级行政部门的职责权限和任务分工。

2002 年，《国务院关于加强城乡规划监督管理的通知》下发，再次强调了规划管理工作的重要性，并重点对城乡规划监督管理的问题提出了要求，做出了部署。2007 年，建设部监察部城乡规划效能监察领导小组办公室下发《关于开展城乡规划效能监察工作绩效考核的通知》，对城市规划行政工作的效能问题提出了监察要求。各省、市也相应开展了城乡规划效能监察工作，对城市规划管理工作的效能亦提出了新要求。

2008 年 1 月，《中华人民共和国城乡规划法》颁布实施，带来了城乡规划体系内外、制度环境和制度安排层面的重大变革。

第 3 章 ｜ 效能型规划管理制度设计研究框架

3.1　研究概念

3.1.1　规划管理制度

本研究所指的城市规划管理制度是规划管理中一系列可以罗列的规范、原则、限制等的总和，包括城市规划管理系统内的职能配置、机构设置，决策、许可、实施及其与系统外相关事物之间所形成的网络关系及其所涉及的做事规则。它包含两个重要的构成方面：规划管理体制和规划管理运行模式及实施机制。

3.1.1.1　规划管理体制

城市规划管理体制，是指关于城市规划管理的组织机构设置、地位、职责和内部权责关系及其相关规章制度的总和。城市规划管理体制是确保城市规划管理过程得以顺利实施的载体和保证，也是支撑城市规划管理系统的骨架支柱。城市规划管理体制是一个综合性的概念，从不同的角度就有不同的划分标准。本书主要研究以下三部分内容：

（1）城市规划管理机构的行政领导体制。包括城市规划管理系统中诸机构间的隶属及协调关系，以及各自的管理幅度与管理层次，城市规划管理系统在市政府行政机构序列中的领导与被领导及协调与被协调的关系，以及与市人大、市政协等其他组织机构的关系等。

（2）城市规划行政体系中的市、区、街道"三级管理"体制。首先，三级管理中的职能分工，如市级的综合协调与许可审批职能，区级的分解协调与执行职能，街道级的参与决策、许可、实施管理职能。其次，事权分配及管理原则，如市级的决策指导权、区一级的执行处理权等。

（3）市级规划行政系统内各部门的职能及职责关系。即根据相应的法律法规确定城市规划局各组成部门的职能、权限、责任，其权责结构由职能体系所决定。

3.1.1.2　规划管理运行模式及实施机制

城市规划管理运行模式及实施机制主要指的是城市规划决策、城市规划行政许可和城市规划实施管理运作过程中所涉及的做事规则[①]。

---

① 冯现学．快速城市化进程中的城市规划管理 ［M］．北京：中国建筑工业出版社，2006：90－93．

本书所指的城市规划决策管理，即城市规划的组织编制与审批。

本书所指的城市规划行政许可管理主要包括：建设项目规划选址，建设用地规划许可，建设工程方案设计审查审批，建设工程扩建设计审查审批，建设工程施工图设计审查审批，建设工程规划许可，临时建设工程许可等。

本书所指的城市规划实施管理，即施工过程中的跟踪检查，违法用地和违法建设的查处等。

需要重视的是，不管从哪一点来认识规划管理制度，其过程都是统一的，都是为了实现规划行政目标体系的需要。因此，一旦目标体系发生改变（如本书以效能优化为目标体系），规划管理制度从职能配置到组织结构、管理程序乃至保障性的政策、规定等都将相应改变。

3.1.2 制度设计

理论界共识所指的制度设计，包括制度环境和制度安排两个层面。一般来说，制度设计是在制度环境的框架内进行的，制度环境决定着制度设计的性质、范围、进程等。城市规划的制度设计与创新，应该既有制度环境层面上的完善与调整，也有制度安排层面上的革新和改变，现阶段城市规划管理制度所依赖的制度环境，即城市化与全球化的发展进程、经济体制改革、行政体制改革、社会整体变迁、法制体系变革，它们彼此相互交织在一起，共同作用而构成了城市规划管理制度创新中最为重要和关键的动因。本书是从城市规划管理实践中的需要出发，研究在既有政治经济制度框架内形成的，制度安排层面上的内容。关于政治经济行政制度框架问题，本研究将其视为稳定的制度环境问题，视为"非变量"，因此，只扼要分析以掌握一些转型期规划行政管理的规律性背景知识，而不作为本书研究重点。

制度设计包括三个组成部分，即国家所规定的正式制度（或规则）设计、制度的实施机制创新和设计以及社会所认可的非正式制度（或规则）设计。从制度构成的角度分析，本研究中的城市规划管理制度设计，主要包括正式制度（规则）及其（制度）实施机制。社会所认可的非正式制度如意识形态、风俗习惯等为城市规划管理提供了导向、激励和延伸作用，在一定条件下可以转化为正式规则。正式制度主要涵盖界定职责分工、限定行为可否、给出惩罚标准等方面的具体制度；实施机制主要涵盖保证正式规则执行和发挥作用的组织、手段、工具、政策或措施（监督和实施奖罚）等行为保障方面的具体制度。

3.1.3 管理效能

基于对管理效能的概念、内涵、价值取向与评价准则的系统性探讨，本书对规划管理效能从以下几方面进行界定：

（1）从哲学意义上讲，负有管理效能治理职责的主体是广义上的公共组织，包括负有公共管理职能的行政机关和其他社会组织，管理效能的客体是负有行政效能治理职责的公共组织的行为和制度。

（2）从内涵上讲，管理效能是管理效率、功能、效用①三重内涵的统一，是包括管理效率、功能、效用内涵的对公共管理活动的运行状态更全面、更高级的评述。

（3）从价值取向上讲，管理效能是以公共利益为核心的多元目标整合性价值的体现。对于规划管理活动而言，它追求的目标具有双重性：一是保证为社会公众提供关于土地和空间公共产品和服务的过程最优化，降低完全过程的交易成本；二是使行政主体系统自身运行过程尽量优化，通过有效的组织管理，使全过程时间短、行政成本低、收益大。提升管理效能的意义并不简单地在于自身价值的实现，更为重要的是实现社会对公共服务的要求和公共利益，导致公共利益受损的管理高效能比没有效能更失败。

（4）需要认识到，管理效能提升的最大受益者是政府的服务对象，提升行政效能的原动力既来自于行政主体的内在动力，更来自于行政相对人的外部压力，两者同样重要，需要积极主动回应社会公众对管理活动的要求，以（公众）诉求及结果为导向。

3.2 关键问题

3.2.1 规划管理效能评价的准则是什么

效能型管理制度设计就是旨在提升管理效能的制度设计，把效能优化作为制度设计的目标体系。因此，确定规划管理效能优化的目标和评价的准则，是本研究首先遇到的关键问题。考虑城市规划管理活动过程的特点，本研究从价值、组织结构和运行三个层面对规划管理的效能评价准则进行界定。

3.2.1.1 价值层面

公共利益的公共性、普遍性和共享性，决定了维护公共利益的优先性和重要性，也决定了作为公共政策的规划管理应遵循的基本价值取向。作为规范利益主体在土地使用和空间资源方面行为的规则综合体，效能型的规划管理制度应在多元目标导向下，确保公共利益在多元主体间的合理分配。

1. 为多元利益主体服务

效能型规划管理制度的设计需要探寻如何更合理、更公平地分配公共利益的

---

① 管理效率是指公共资源投入与产出的比率，说明公共资源利用的效果；功能是组织的内在能力在一定条件下的外部表现，效能包含着对功能的评价在其中；效用是指对实现人们希望达到的目的所起的作用，功能导致的结果如果与人们所要达到的目的相符，这样的功能就是有效的，否则是无效的。

过程。随着社会的转轨，个体利益多元化的倾向将日趋明显，公众对空间资源的分配的导向性也将日趋重视，由专家领导负责界定公众利益的方式已不能适应未来发展的要求。① 因此，规划管理过程不应成为政府或规划行政部门自上而下的封闭化过程，而是应当允许各利益主体和群体进行谈判与讨价还价，最终达成妥协。应当构筑多元主体之间交流和沟通的平台，为多元利益主体提供一种辩论、沟通、谈判和矛盾协调的机制，以争取多赢的可能，尽量减少损失者的过大损失。同时，通过多元利益主体参与权力运作和规则裁决过程，使各种规划权力资源的拥有和分配呈相对分散化的状态，这样竞争性的社会力量可以有效地制约、考核、监督权力控制者，在节约交易成本和实施成本的同时，将更多的权力还归于社会，达到公共权力共享。

2. 实现效率、效益、公平、公正、民主均衡的多维价值目标

效能型的制度设计总要涉及两个系统和两个过程，两个系统分别是行政主体系统和管理对象系统，两个过程分别是对象系统被管理或者享受服务的过程和行政主体对自己的活动进行组织管理的过程，也就是在制度设计过程中需要对行政组织的效能状况和行政相对人的效能需求同时进行考虑。而且，与传统的官僚制只追求行政效率的单向维度目标不同，效率、效益、公平、公正、民主都是规划管理的重要目标。② 规划管理制度的基本价值取向应该是以公共利益为中心，在追求社会效率与效益的同时实现公平、公正、民主。

3.2.1.2 组织结构层面

1. 以绩效为导向的精简型规划行政组织

我们在研究制度设计和规划管理效能理论时得知，制度的设计要与其所处的制度环境背景相吻合，影响规划管理效能最重要的因素是社会、政治和经济的快速变化。在我们目前所处的社会转型和经济快速发展期这种不确定性背景下，面对纷繁复杂和多变的环境，作为政府管理行为，城市规划管理在致力于土地使用和空间资源利用的行为过程中，过大过全的职能设置只会增加制度交易摩擦，带来行政低效，因此，政府需要改变过去既是运动员又是裁判员的行为角色，政府机构及其下属机构也必须从直接的经济事务运作中解脱出来，真正担当起社会所赋予的职能，合理划分规划管理权责，应"有所为有所不为"。

从制度绩效的角度考察，高效率的组织应该摆脱传统形成的条规、僵化的形式主义制度障碍（组织内成员依章办事，但甚至不知道各自环节整合后的最终

---

① 西方社会已走过了单纯由技术专家决定的过程，尝试更民主的公众参与讨论协商从而达成一致的意见，但是我国目前的规划管理公众参与只停留在表层面的宣传阶段。

② 由于行政机关的公共性属性，公共目标、公共责任、公共环境和公共组织等均围绕着公共利益这一核心展开，城市规划管理效能优化的内涵并非是投入产出的最优化标准，而是包括在特定的行政成本下具有争议价值的公共利益最大化。

目的），应该以要完成的目的、任务以及规则实施的绩效为导向，给组织机构充分的激励机制，发挥行政组织的创新能力。

2. 设置开放性组织结构，合理配置组织层级与幅度

传统的以"权力制约权力"的制约模式是一系列自上而下组织构成的垂直系统，随着社会生活的复杂化和多样化，这种垂直系统往往因为层级的"委托—代理"而等级控制过多，或者说行政组织不断地成长与膨胀，行政组织一旦放大膨胀，其内部结构性摩擦系数就加大，信息渠道就相应地延长，而有效性、及时性下降，并且使"控制者"的监督、考核费用呈指数方式增长，抵消这种行政失效与低效的有效方式是遵循管理效能递增规律，以管理效能递增弥补行政效能的递减：形成开放的组织系统，使内部同外部环境不断进行物质、能量、信息的交换，组织内部多要素之间存在非线性的相互作用，从而使效能递减规律失效。

作为公共政策重要载体的城市规划管理，只有组织内部同外部环境不断地进行物质、能量、信息的交换，才能使组织处于一种动态的平衡之中。这时，组织的一个微观随机干预就会通过相关作用放大，发展成为一个整体宏观的巨大涨落，使组织处于一种波动的不稳定状态，然后又跃升到一个新的、高效能的、稳定的有序状态。另外，在城市规划管理的过程中，行政组织内部多要素之间存在非线性的相互作用，我们需要审慎地再考虑线性与网络状组织结构的关系，按照最必需原则和互补原则设置部门，并使它们之间的组合达到最佳。

3. 准政府组织和其他类型的法定组织在规划管理组织结构中的重要作用

明确划分主体权限的多元化结构，以及多元主体间形成的相互补充、相互监督的共管机制，特别是立法、执行与实施、监督主体的相对分离，是保证规划管理效能发挥的有效方式。

对于规划管理事务的组织结构革新，除了行政系统内部多元化的管理主体，准政府组织和其他类型的法定组织（城市规划委员会、规划上诉委员会、公众利益团体）在各个层面的规划决策和监督管理上发挥着越来越重要的作用。这种组织形式不仅是公众参与、制约和监督权力的有效途径，也是规划行政权顺畅运行和程序优化的有效途径。

3.2.1.3　运行层面

1. 设定合理的博弈规则以降低规划管理过程中的交易成本

城市规划管理作为政府行为的组成部分，其制定制度的目的是为建设行为主体间博弈提供恰当的"基本规则"。想要通过制度设计提升规划管理效能，就要在原制度框架中降低交易费用，降低规划管理运行中的界定、谈判、实施契约及制度完善过程中的摩擦所引起的费用，实现社会发展的成本最小化，这是效能型规划管理制度设计的逻辑起点之一。

既然制度的创新需要考虑交易成本问题，而博弈的结果直接关系到制度交

易，那就要研究引发交易成本的利益主体和政府行为的互动过程（博弈过程），把握多元博弈特点，在众多利益主体的博弈过程中寻求最佳结合点。即在现有的制度环境和博弈结构中，新的制度安排通过改变不合理的博弈规则与设定合理的博弈规则，使公共资源的配置效果最佳，使规划管理过程更接近帕累托效能状态，使各利益主体都在博弈过程中实现相对最优化的合作行动选择。

2. 在信息对称的基础上，法制化、程序化规划管理的运作方式

在现代市场经济中，交易双方是根据自己所掌握的信息制定决策的，决策的正确性在相当程度上取决于所掌握的信息数量与质量。政府决策信息的获得比较困难并且需要相当的成本，在信息不充足的情况下制定的决策，难免出现失误，即使是正确的政策，但由于规划制度的复杂性和某种程度的不确定性很难为公众所完全理解，而在实施中遭到阻碍。明确的对称化的规划管理信息可以使各类组织在行为发生之前进行先期的相互协调，同时通过管理制度所提供的政府以及社会经过充分协调的关于城市未来发展的政策和相关信息，来消除这些组织在决策时所面对的未来不确定性。

现今城市规划管理最根本的作用就是协调、平衡依附于城市土地和空间使用上的多元利益关系，在"技术—行政"的内部化操作逐渐失效的今天，规划管理制度应纳入法制化、规范化和程序化的过程。高效能的规划管理制度应当阐明各种选择，并能作为未来决策环境的组成部分，以面对未来出现的各种不同的变化和可能性；应当提供一种透明、公开的行政程序，以便多元利益主体能够通过迅速的决策、实施并获得效益，减少由于时效或不确定性而产生的成本的支出；应当形成规范的规划管理过程，使行政主体和行政相对方能够通过明确、法定的制度保障自己的合理行动，并预知自己非合理行动可能带来的责任与后果而获益。

3. 增强实施中的回应性、时效性和动态反馈能力

作为规划管理制度环境的社会经济大背景正处在重大变化之中，使规划管理面临不确定性的背景，因此，规划管理制度所追求的效能目标应该是动态的高效目标，评价制度设计是否可以提升行政效能，应形成内在的规划实施管理调整和反馈机制，以适应快速的社会经济变化面对未来发展的不确定性。

以"回应性"①"时效性""动态反馈"作为规划管理重要的绩效衡量标准，需要在具体的规划决策、许可、实施管理活动不断展开的过程中，通过规划上诉、规划监督、公众评议等干预途径的制度设定，对该项管理活动本身及其相关建设活动的状态和后果在行政与非行政系统的情景分析、问题干预、及时回应与

---

① 回应性，即在基本职能的实行过程中，各级规划行政组织应当始终关注社会和公众的需求，并以一种有力的、敏感的、负责任的态度去回应社会的公共需求，在沟通的基础上实现社会合作。

动态反馈，纠正可能出现的失误与偏差，将管理活动有效地限定在保证公共利益和社会绩效的方向和范围之内，以实现不确定性视角下规划管理过程的动态高效。

3.2.2　如何发现影响规划管理效能的制度缺陷

在阐明了规划管理效能评价的准则之后，接下来需要面对的问题就是：决定和影响管理效能的制度要素有哪些？它们之间的内在逻辑联系是什么？因为这些要素设置的不合理就是影响规划管理效能的制度缺陷，对这些要素的研究也展现了在实施管理制度变革中所必须面对的种种限制。参考公共行政理论中的"金字塔形结构的行政效能要素体系"（毛昭晖，2007）和企业组织运行效能"7－S"模式①，本书在构建影响规划管理效能的制度要素体系过程中，把这些制度要素纳入到规划管理效能评价的准则中，找出制度缺陷的现象与根源，为设计针对性的新制度打好基础。

在影响规划管理效能的制度要素框架中（如图 3－1 所示），位于塔基的是

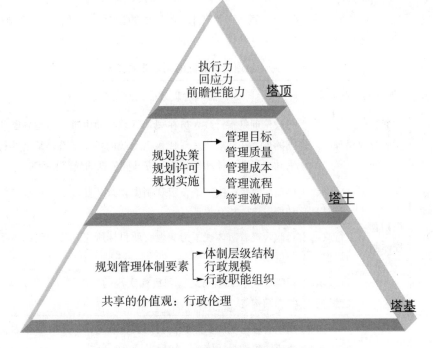

图 3－1　影响规划管理效能的制度要素框架

---

① 一个组织必须在七个方面达到一致和平衡，才能够真正实现整体功能的和谐，实现效能的最优化。这七个方面是战略、技能、共享的价值观、组织结构、系统、人员、风格。

影响规划管理效能的环境控制要素，这些要素对规划管理效能的影响力是持续的、多方位的和起决定作用的。可以说，通过单个行政组织的内在变革来提升行政效能往往是力不从心的、短暂的。因此，我们必须对外部制度环境控制要素进行筛选和扬弃，并在其框架下认真审视与组织影响管理效能的内在制度要素。环境控制要素包括共享的价值观（行政伦理）与规划管理体制要素（体制层级结构、行政规模与职能组织）。

位于塔干的是对规划管理组织日常的工作决策管理、许可管理、实施管理过程进行评价的要素，称之为机制要素。这些要素是经过理论分析或者实践经验确定下来的，大体上反映了顺利和充分实现各阶段规划行政目标所必需的前提条件。属于这一层次的要素数目较多，它们形成一个复杂的关系网络，主要包括管理目标、管理质量、管理成本、管理流程、管理激励。

位于塔顶的要素可以称之为能力要素，即管理组织和管理人员的能力要素。规划管理效能的优化，除了要对一定的体制基础以及运行机制的制度要素进行考察外，还要落实到管理组织及管理人员的能力上。能力建构的要素主要包括执行力、回应力、前瞻性能力。

根据影响规划管理效能的制度要素框架图及上文的论述，我们可以总结出影响规划管理效能的制度要素体系，具体内容如表 3-1 所示。

表 3-1　影响规划管理效能的制度要素体系

影响管理效能的制度要素			影响管理效能的制度要素界定
环境控制要素	行政伦理		行政伦理是指行政人员在规划行政活动中进行道德判断所依据的规范和标准。从现代积极行政的角度来看，是公共行政活动中行政主体和行政相对方共同依据的规范和标准
	规划管理体制要素	体制层级结构	体制层级结构决定了在宏观制度背景下各级规划行政组织的功能定位、相互关系
		行政规模	行政规模着重体现了为实现行政目标所应具备的组织体系的数量概念
		行政职能组织	保障行政组织顺畅运行和目标实现的组织层次、管理幅度、组织结构等
机制要素	管理目标		根据管理组织的职能和社会需要，制定出一定时期规划管理所要达到的目标体系，然后层层落实
	管理质量		管理质量是指管理目标的达成度，即根据战略管理要求所设定目标与最终实现目标的比值

续表

影响管理效能的制度要素		影响管理效能的制度要素界定
机制要素	管理成本	管理成本是规划管理部门产出即向社会提供的公共产品和公共服务所必需的行政投入或耗费的资源，包含规划决策、许可和实施管理行为引起的社会、经济、生态等方面的外部成本
	管理流程	管理流程是实现管理目标的制度性解决方案，它是行政行为的运行载体，是复数以上的主体按照一定的步骤、方式、顺序、时限来做出决定或执行决定的过程，只有当管理流程合理畅通时，行政组织才具有较高的行政效能
	管理激励	管理激励包括对管理组织的运行机制的激励和组织内管理官员个体行为的激励两个方面
能力要素	执行力	执行力是指各级规划行政组织在执行规划制度、政策时的整体贯彻力度、执行能力；也包括从行政决策者到一般行政主体在面对执行问题时所体现的能力
	回应力	回应力是对规划管理组织的职能、态度和能力的一种界定和表述。即在基本职能的实行过程中，各级组织应当始终关注社会和公众的需求，并以一种有力的、敏感的、负责任的态度去回应社会的公共需求，在沟通的基础上实现社会合作
	前瞻性能力	前瞻性能力主要取决于两个属性：一是反应性，是指管理人员根据所感知的来自环境的信息而采取行动的可能性；二是自发性，即管理人员在环境的限制下能自主产生行动的程度

3.2.3 如何设计效能优化的新制度

在界定了效能优化的目标与准则，找到影响规划管理效能的制度缺陷之后，接下来要解决的问题就是如何设计新的制度，以避免规划管理的低效和失效，优化规划管理的效能。我们有很多途径可以选择，本书主要借鉴新制度经济学的制度绩效评估框架、制度交易成本与博弈分析理论，新公共管理理论的绩效目标体系和重塑政府理论，公共行政和行政法学的权力分配与制衡、行政活动的成本和效益、行政程序制度理论，城市规划管理的管理职能、控制过程理论的相关研究成果，进行制度设计。

具体来讲，规划管理制度革新的路径选择涵盖城市规划决策管理制度、城市规划许可管理制度、城市规划实施管理制度，它们是在分离基础上有着互动制约关系的连续整体。本研究先探求规划管理在规划决策、规划许可、规划实施管理在各自领域内的理想化制度设计。

就规划决策管理制度设计而言，本研究拟引入制度经济学的博弈论分析方法对多元化的决策主体和决策博弈进行分析，借鉴均衡网络组织结构的团体决策方法对规划决策权力结构性调整提出建议，应用公共行政决策理论对城市规划决策的过程和程序解析。就规划许可管理制度设计而言，本研究拟探讨在规划管理领域颇具争议的行政自由裁量权问题，用新公共管理中的"控制解制理论"来探讨行政自由裁量权的适度空间，用现代积极行政的理念和行政法学中的控权理论来探讨规划自由裁量权运行与控制的方式与途径，并从法律对行政控制的角度研究规划执行管理中权力与责任的对称性关系，以完善规划执行管理的制约机制。就规划实施管理制度设计而言，本研究拟对规划实施管理过程中的行政方与行政相对方之间的关系进行混合策略博弈分析，借鉴制度经济学中行政执法的成本分析理论和行政学中的行政边界与行政组织边界的重构理论，构建新型规划实施管理框架。

作为规划管理制度的整合框架——管理体制，其制度涉及以上管理运作的全过程，会存在相互矛盾的地方，比如对决策管理而言的最优化规划权力划分，可能会导致许可管理在某些环节上的低效，对规划许可管理而言的最优化许可审批程序，可能会导致实施管理在某些方面的运作不顺畅。此外，作为政府公共行政的组成部分，规划管理体制的设计除了要考虑到系统内整合效能最优外，还必须考虑到与城市政府、相关部门之间的组织衔接。整合的规划管理体制设计应该考虑以下两方面的内容：

一是通过合理的体制框架和规则设定，降低规划管理过程中完全交易成本的问题，这是规划管理制度在社会系统内效能优化的重要体现。

本研究拟参考规划管理理论对规划运作系统的探讨①和行政三分理论，将城市规划管理活动纳入决策管理、许可管理、实施管理的制度连续体，规划管理的制度交易成本是以上三项交易费用的总和。在规划管理过程中，利益主体追求利益最大化，与政府规则制定者之间必然要展开博弈，而博弈的结果和博弈规则的制订将直接关系到制度交易，如果他们对博弈结果不满足，或者博弈决策过程中他们的利益未被考虑，那么这项在决策中本应考虑的成本就会被延迟到规划实施或者监督反馈时才体现出来。因此，降低整体的交易成本必须考虑规划管理行为在规划决策、规划许可、规划实施中的互动过程，整个规划管理过程应当被设计成为"正和博弈"，使行为者可以在被设定的选择环境或博弈结构中进行最优策略选择。城市规划管理制度的设计或创新，不是简单的制度在某个层面、某个环节上的修改、完善、颁布，而是需要考虑到规划决策、规划许可、规划实施过程中找到多元利益最佳的结合点，降低规划管理运行中的权力界定、谈判、实施契

---

① 从城市发展动态运行角度来分析，可以将城市规划管理运行结构划分为决策、执行、监督、信息四个系统；从城市规划管理的程序纵向考察，城市规划管理运作结构可以分为呈宝塔状的四个层次：决策层、管理层、操作层、执行层。

约及由制度完善过程中的摩擦所引起的费用，使得制度交易成本总和为最低。

关于城市规划管理制度交易成本的分析，如图 3 - 2 所示。

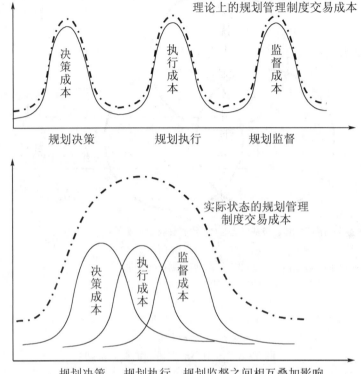

图 3 - 2　城市规划管理制度交易成本分析

二是城市规划管理制度的设计与革新，是在城市政府管理框架下的局部调整，其目的是符合当今多元化利益主体以及不确定视角下社会发展的趋势。现行规划管理体制面临的一个核心问题就是各级规划管理机构单一权力中心形态与效能优化所要求的多中心、多主体合作之间存在巨大的矛盾。基于多中心治理模式的基本理论命题与城市规划管理的契合性，研究拟参考新公共管理学的多中心治理理论，构建多中心开放的规划管理体制。

1. 多中心治理的概念框架

与一元主导的（各级政府及其下属规划管理机关为唯一的治理主体，其他组织、机构、公众对规划管理的影响微乎其微）规划管理体制概念不同，多中心治理的规划管理体制意味着由市民社会、市场经济和政治国家分享管理职能和权力的新格局，如图 3 - 3 所示。

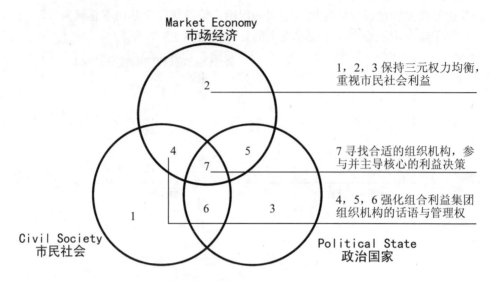

注：1 市民社会的治理主体：最基层的群众组织、公众个人或自愿性协作组织
  2 市场经济的治理主体：营利组织、企业利益集团
  3 政治国家的治理主体：各级政府及其下属规划行政管理机关
  4 市民社会与市场经济之间的合作治理主体：非营利组织
  5 市场经济与政治国家之间的合作治理主体：政府公司、国有企业
  6 政治国家与市民社会之间的合作治理主体：社区组织
  7 政治国家、市场经济、市民社会的合作治理主体
图 3-3　多中心治理体制的概念框架

最基层的群众组织、公众个人或自愿性协作组织代表着市民社会的治理主体；营利组织、企业利益集团代表着市场经济的治理主体；各级政府及其下属行政机关代表着政治国家的治理主体；非营利组织代表着市民社会与市场经济之间的合作治理主体；政府公司、国有企业代表着市场经济与政治国家之间的合作治理主体；社区组织代表着政治国家与市民社会之间的合作治理主体；代表着政治国家、市场经济、市民社会三方的合作治理主体尚处在缺失状态，也许经过调整的规划委员会和规划上诉委员会可以弥补三方合作治理主体的空缺。

2. 多中心治理的运作特点

多中心治理的规划管理体制运行至少具有以下特征：

（1）不同决策结构的权力要分散，每一项权力都能对分配给其他结构的权力行使潜在的否决权，集体行动取决于共存多数的运作。

（2）具有效率性，多元独立的决策主体围绕着特定的公共问题，按照一定的规则，采取弹性的、灵活的、多样性的集体行动组合，寻求高绩效的公共问题的解决途径。

（3）具有适应性，可以对不确定制度环境下的需求变化做出及时有效的回应。

（4）具有选择性，一方面多元治理主体要有可选择的多样性的合作方式如命令—执行—监督、申请—同意—执行、合同、委托、代理、参与等，另一方面在既定的制度框架内有一系列可供选择的制度策略，不同性质的公共物品和公共服务可以通过多种制度选择来提供。

最后需要指出的是，在经济社会转型期间，我们面临的是"制度非均衡"①条件，在规划管理过程中，由于信息不完备或不对称又往往处于"不完全信息博弈"② 条件，以效能优化为目标体系的规划管理制度设计应遵循的是"相对性价值占优"的原则，就是在符合政府行政改革大趋势条件下，寻求利益格局调整中的最小摩擦值，降低交易成本和费用，相对合理地分配公共利益，通过合理的制度设计提升规划管理过程的效能。我们期望得到的不是一个绝对完善的制度设计，而是相对有效率的组织框架构建、组织运作调整和具体实施机制的改进。

---

① 在现实中，制度非均衡是一种常态，主要表现为制度供给不足和制度供给过剩，而这二者往往是同时并存的。制度非均衡的作用是双重的，它有不利于效率和公平的一面，也有可能促进制度向有效率和公平的方向变迁。

② 不完全信息博弈是指在博弈过程中，对其他参与人的特征、策略空间及收益函数信息了解得不够准确，或者不是对所有参与人的特征、策略空间及收益函数都有准确的信息。

3.3 研究框架

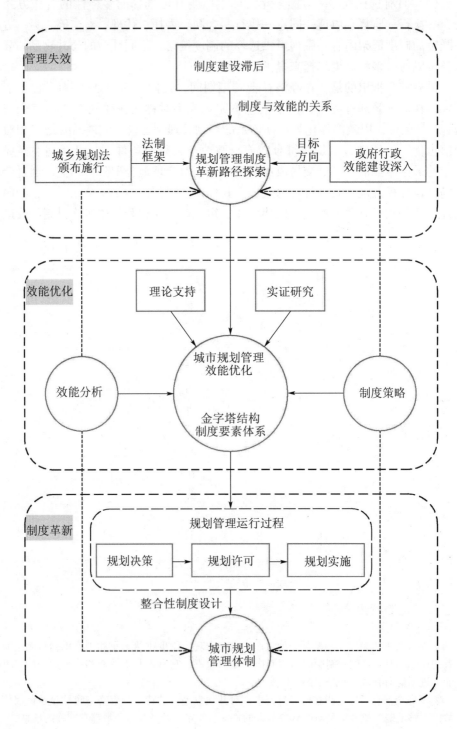

第4章 ┃ 效能型规划决策管理制度设计

本章研究在笔者对规划决策管理实践中经历的典型案例进行剖析的基础上，探析案例中表现出的管理效能不足的问题及其背后的制度根源，有针对性地提出效能优化的制度对策。

4.1　规划决策管理典型案例

4.1.1　案例一

某城市市区为典型的"两山夹一川"地形。有河流在建成区西侧自北向南穿过，距西侧山脉5千米，其间有高速公路从中分割；东侧山脉距建成区6千米；北部开发区与城市建成区直接连接，再向北被河流阻断；南部有旅游区和军用机场。现状建成区被铁路分割为东西两个部分：铁路以西为旧城，集中了三分之二以上的人口、商业、办公和各类公共服务设施；铁路以东以大型工厂及附属生活区为主。如图4-1所示。

2001年该市市政府委托省城乡规划设计研究院编制《城市总体规划（2004—2020）》，规划方案经过专家论证评审，市四大班子领导研究通过，并于2004年经省政府批复同意，确定城市向西跨越河流为主要发展方向，重点建设河流两岸生态新区，如图4-2所示。但是，在规划实施过程中很多市民和地方干部，包括四大班子成员不断发出质疑，导致在两年左右的时间内除了新建一座跨河大桥外河西新城建设没有取得任何进展。

图4-1　某市土地使用现状图

图 4 - 2　2001 版总规土地使用规划
图发展方向：向西

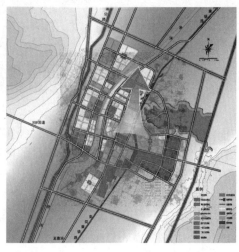

图 4 - 3　2006 版战略规划土地使用规划
图发展方向：向北

　　2006 年 10 月该市委和市政府换届，为进一步统一思想科学决策，市政府组织 "城市发展战略规划论坛"，邀请国内外专家讨论、剖析城市所存在的矛盾。专家们就城市的定位、规模、发展方向、空间结构、发展时序等城市重大问题进行深入研究，多方比较，并在研讨的基础上编制完成《城市发展战略规划》。2007 年 6 月市政府常务会议研究采纳战略规划的意见，确定城市近期向北将开发区用地纳入城市建设用地（开发区外迁），并进而向北跨越涝河流建设组团城市；远期向西跨越河流建设河西新城。如图 4 - 3 所示。

　　2008 年 1 月，该市市委和市政府主要领导更换，同年 6 月委托中国城市规划设计研究院修编《城市总体规划（2008—2020）》，提出城市主要向南发展的方案。2008 年 9 月，市委和市政府主要领导再次更换，规划部门为等待与主要领导沟通汇报，规划修编工作处于停顿状态。2008 年 12 月，规划部门第一次向新任市长汇报，市领导指示城市应坚持向西发展的策略，编制单位提出不同意见，经沟通后确定近期向西，远期向南发展，如图 4 - 4 所示。2009 年 3 月市领导和发改委与铁路部门初步确定客运高速铁路在河西新城选线，并在南部跨河流至东岸旅游区南，城市向南发展空间受到限制，向西发展利弊参半。对此，规划编制单位坚决反对，并直接与铁路部门沟通，但最终只争取到线路在河西岸优化，不再跨河阻碍南部发展空间，城市失去利用高速铁路建设迁出现状穿城而过的铁路，实现空间结构优化调整的良机。同月，市长办公会议决定在河西新城规划建设三条主干道、一所大型医院、一所大型高中，并启动河流城区段水利和生态工程。以上工程向市四大班子领导进行了通报，并公示征求市民意见，但无反馈。同年 4 月，新市委书记到任，"两会" 召开，政府工作报告明确提出河西新城各项重点工程建设，至此城市向西发展已不可逆转。2009 年 6 月，市委市政府主要领导与市规委会成员单位听取总体规划方案汇报，国土、水利、地震等部门及下辖区领导反对城市向西发展，会后市"总体规划领导小组"决策城市近期向西、远期向南发展方向不变。

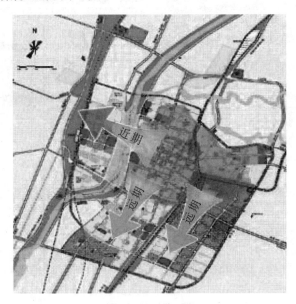

图 4 - 4　2009 版总规土地使用规划图发展方向：近期向西，远期向南

4.1.2　案例二

滨河东区位于某市城市建成区西部，河流东岸，鱼塘星布，绿化良好，面积约 10 平方千米，属开发区管理，其区位及土地使用情况如图 4 - 5 和图 4 - 6 所示。2001 年版《城市总体规划（2004—2020）》将此区域确定为生态保育湿地。

图 4 - 5　滨河东区的区位示意图

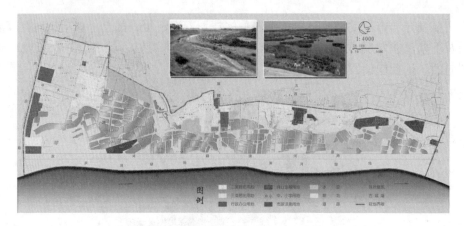

图 4 - 6　滨河东区土地使用现状图

　　2006 年，市政府决定城市建成区向西扩展，建设滨河新区，以疏解旧城区人口和功能。因用地紧张，市长办公会议决定调整总体规划，要求规划主管部门编制滨河东区控制性详细规划（以下简称"控规"）并变更滨河东区用地性质，将湿地改为商住用地。控规编制完成后，经市政府批准平均容积率提高至 2.0 以上。滨河东区控制性详细规划图如图 4 - 7 所示。

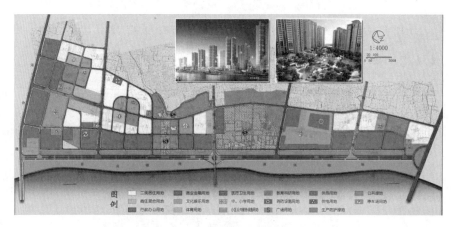

图 4 - 7　滨河东区控制性详细规划图

　　2007 年 1 月、2 月、10 月、12 月，市政府分别正式发文提高四宗用地的容积率指标，平均容积率提高至 3.0。2008 年应城中村改造需要，开发区管委会向市政府申请再次调整部分地块规划控制指标，市政府同意编制滨河东区局部调整规划，并最终批复同意部分地块变更用地性质，提高容积率。在变更后的规划实施过程中，不断有人大代表、政协委员以及市民和社会组织提出异议并向上级相关部门反映。规划最终实施完成，其结果一方面导致城市湿地消失、片区空间拥挤、环境质量下降；另一方面政府获取的地租升值，开发商获得高额利润。

4.2 现行规划决策管理失效分析及其制度根源

4.2.1 现行规划决策管理失效分析

结合规划决策管理的实际案例，依照规划管理效能评价的准则，笔者通过对现行规划决策管理效能的不足之处进行分析，发现最突出的问题在于规划决策信息不充分，决策科学性不足，决策多变，以致规划长期无法实施或者实施变形。

规划决策信息不充分表现为两方面：一方面是信息来源不充分；另一方面是信息选择的标准局限。规划决策信息来源不充分在案例一中表现得很明显。首先，无论是城市总体规划还是城市发展战略规划都是由规划局组织编制并与编制研究单位进行技术上的沟通，因此提供给规划决策的信息主要来源于这两者①。其次，人大、政协参与规划决策是通过其主要领导参加由规划局组织的市委市政府主导的规划成果汇报会，并即时感想式发言，这种形式往往受时间和专业素养的限制而无法提出实质性意见和建议。再次，社会公众和市场力量只能被动地通过规划展览宣传等粗略了解规划决策，无法通过正式渠道发表见解并影响规划决策。决策者的价值判断标准决定了其进行规划决策时选择信息的标准。

规划决策信息选择标准的局限在案例一和案例二中都有体现。首先，规划决策主要反映的是政府的发展意愿和利益，如案例二中将规划生态湿地变更为开发建设用地并一再提高容积率或调整用地性质，主要考虑的是经济效益，对城市空间品质和生态需求考虑欠缺。其次，专业技术人员的意见不能得到充分尊重，在案例一中规划编制单位和国土、水利、地震等部门提出的反对意见均未被采纳。还有一点已经在上文论及，就是规划编制人员也会按照自己的标准选择在调研中获取的信息，并反馈给上级决策者。

决策信息不充分，必然降低决策的科学性，并导致决策因不适应发展的要求而经常发生变化，影响到规划决策的顺利实施。从案例一可以发现，城市发展方向的确定历经 2001 年、2006 年、2008 年几次总体规划或者战略规划研究，三个不同编制单位提出截然不同的判断，几任市长做出不同的规划决策，导致该市近 10 年间城市无序发展。另外，类似案例二中的决策变化（对控制性规划的调整）除了决策信息不充分可能还有另外的原因，就是城市政府作为公共利益集团，也有自身的利益与价值标准，其对经济利益的寻租也不可避免。

---

① 当然，他们会通过调研吸取其他政府部门、各地区、社会各界的意见建议，但是要由他们选择和加工，并纳入自己的信息体系，在这个过程中存在曲解变异的可能。

4.2.2 现行规划决策管理失效的制度根源

对照上述规划决策管理失效现象，考察影响规划管理效能的制度要素体系，探析造成现行规划决策管理失效的制度根源。在此过程中，剖析出影响规划决策管理效能的制度要素，如图4-8所示。

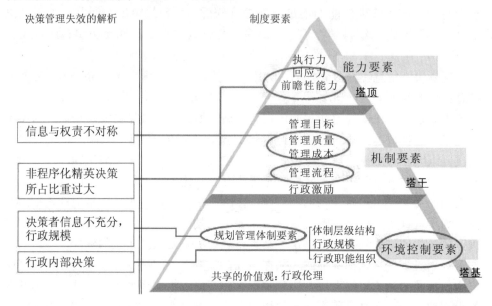

图4-8 影响规划决策管理效能的制度要素剖析

4.2.2.1 多元化社会力量的兴起与单一行政力量决策引发的低效与失效

随着市场经济的成长，多元化的社会力量得到了解放，其影响政府决策的力量不断增强，它们各自的意见表达与利益冲突也必然要反映到城市规划领域。而现行城市规划决策仍然基本局限于政府体系内部，单纯从政府视角，倾向于将规划在现实社会中的运行假设为一元的平滑无摩擦、无交易费用的状态，忽视了在多元化利益主体取代单一的国家或集体成为城市建设的主体时，所伴生的目标和利益多元化以及信息搜寻、谈判、申诉、妥协、补偿等巨大的规划实施成本。

实现高效率的政府决策必须具备两个条件①：一是民主的制度规则，二是独立于政府权力之外的多元化社会组织的充分发展。从规划决策管理制度的现实情况看，在这两方面都需要改选。就目前现状而言，首先没有构建多元利益主体参与决策的制度。如案例所述当前的规划编制评审以及修改过程仍然只由少数专家和行政官员负责论证，公示的环节流于形式，公众对于规划内容（规划决策信息）缺乏知情、申诉和表达的权利，没有畅通的利益表达渠道。而由少数权力

_____

① 民主政府决策理论提出的实现高效率政府必须具备的条件。

精英垄断的公共政策制定过程将无法反映多元化的社会真实意愿，不能为市场和社会提供有效的服务，还有可能会出现抗议抵触导致规划决策拖延修改甚至无法实施的现象。其次，多元利益集团并没有均衡地发展为相应的社会组织。以商业力量为代表的强势集团拥有行业协会和多种政治身份作为代理，然而弱势的普通民众还处于分散、无组织的状态，缺乏规范合法的代言机构，也没有发表意见的适当平台。强势和弱势群体在影响政府规划决策方面具有很大的不均衡性，相对来说弱势群体无法平等地参与到事关切身利益的规划决策中来。这些都将加剧社会经济的不平等状况，甚至引发社会动荡。

现行规划决策管理制度在行政伦理和行政目标上表现出行政一元利益主导的趋向，遵从下级服从上级和效率效益优先的原则，忽视甚至是有意无视公众和市场经济群体的权利，因此在行政流程设计上也不能以公开、公平、民主的方式实现帕累托效率①（资源的帕累托最佳配置），从而降低了行政质量即规划决策管理的科学性，加大了规划实施的难度，引发规划决策不得不经常变更，行政成本上升。

4.2.2.2　信息与权责不对称导致决策低效，规划管理职权过度集中引发的设租与寻租导致决策失效

城市规划决策不仅包含规划管理中所理解的最后的"决断"，而且它还是一个连续的过程②，规划决策的过程实质上是对待决定事件的信息搜集、整理、加工、储存、传递、处理、评估的过程。现行规划决策管理制度在管理体制上基本依附于行政首长负责制的行政体制。不论是负责日常规划管理的规划局，还是由各相关部门组成的作为议事协调机构的规划委员会，或者市政府常务会和市长办公会，规划决策都由相应的行政负责人拍板决定。在行政首长负责制的背景下，越高级别的领导管理的事务越多，决策者往往要在很短的时间内对接收到的信息进行快速、准确的处理与评估，并做出决策判断，这就很可能降低决策质量甚至发生决策失误，尤其在决策者不熟悉规划业务和相关知识的情况下这种风险更

---

①帕累托效率也就是帕累托最优、帕雷托最佳配置，是博弈论中的重要概念，在经济学、工程学和社会科学中有着广泛的应用。帕累托最优回答的是效率问题，是指资源分配的一种理想状态，假定固有的一群人和可分配的资源，从一种分配状态到另一种状态的变化中，在没有使任何人境况变坏的前提下，使得至少一个人变得更好，这就是帕累托改进或帕累托最优化，帕累托最优的状态就是不可能再有更多的帕累托改进的余地，帕累托最优是公平与效率的"理想王国"。

②西蒙提出，一个完整的决策制定过程包括四个主要阶段，它们分别是：找出制定决策的理由，即"情报活动"；找到可能的行动方案，即"设计活动"；在诸行动方案中进行抉择，即"抉择活动"；对已进行的抉择进行评价，即"审查活动"。这四个阶段在时间分配表上所占的分值相差很大。西蒙认为，情报活动"要用大部分时间分值"，设计活动"用较大的时间分值"，抉择活动仅用"较少的时间"，审查活动只要用"适量的时间"。

大。更重要的问题在信息传递上，在规划决策管理中，信息传递工作对决策高效与否有着决定性的影响，然而现实情况是：第一，信息传递不充分。规划决策所需的信息往往掌握在编制设计人员或者规划局业务人员，以及规划所涉地居民与群众的手中，如案例中的情形，他们参与规划决策的渠道和话语权有限。第二，信息传递过程越长、环节越多，付出的成本和时间就越多，信息误导的情况就越可能发生。实际的情况是，信息拥有者所掌握的信息往往要层层上报才能传递给对决策有影响力和决定力的人，这无疑增加了信息传递的层次。而且，对信息的掌握者或者职能部门而言，也会因有上级领导的决策而产生依赖思想和推诿心态，凡是重大问题、难题都等待上级的指导，主观上导致决策环节增多，决策成本增大。也就是说，"拥有决定权的人没有拥有必要的信息，而拥有必要信息的人却没有决定权"①。信息与决策权的脱离使得对决策主体以及信息掌握者的激励和约束均不足，容易造成工作效率低下，各级主体之间的摩擦也会因此增大。

此外，目前体制下，政府和规划行政主管部门集规划决策、规划许可、实施管理各职能于一体，同时又是自己制定的决策的执行者和监管者。政府作为公共利益集团也具有自己的特殊利益，而且政府组织内部以及管理人员也存在着复杂的利益诉求，这种权力的重叠使得从属于政府体系的规划决策者在制定决策时必然会优先考虑自身的利益而忽视其他利益主体的利益，甚至在执行过程中遇到问题时为解决问题而修改既定决策，形成事实上的规划决策的"设租"及"寻租"。

在现行决策体制下规划管理的实践中，除了政府无意创租与被动创租②这两种情况外，政府主动设租、创租现象日益涌现③。决策权愈集中在行政部门，政府和规划主管部门在地方和部门利益面前就越容易产生"设租"的动机，与企业为追求自身利益最大化而进行的"寻租"行为不谋而合，于是就有了随意变

---

① M. 克罗齐耶（Crozier M）语。

② 政府无意创租是指经济租金是作为政府做出规划决策的副产品而出现的，政府在此前并没有预料到自己的干预政策会引发寻租行为，而同时利益集团方面并没有主动影响政府干预的政策的选择和制定，而是利用政府已经出台的各种政策上的漏洞为自身谋求利益，他们是在政策出台以后才成为寻租者。这种寻租行为属于事后寻租。例如，建设用地指标制定失误使开发商借机牟利；不恰当的公共物品管理造成严重的"搭便车"现象等。
政府被动创租是政府受利益集团所左右，制定并实施一些能给私人利益集团带来巨额租金的经济政策。这种寻租行为属于事前寻租。例如，在城市开发建设中，地方政府为追求短期政绩或迫于经济压力，受开发商制约，廉价出让土地，侵占农田，破坏生态环境等，为部分企业大开方便之门，它造成城市资源严重流失，为城市长远发展留下隐患。参考郑金. 城市规划决策中的寻租分析及其防范 [J]. 华中建筑, 2006 (10).

③ 政府中的行政机构和官员利用其手中掌握的公共权力主动为自己谋求经济利益的寻租行为，实质是公共权力的商品化。

更用地性质或容积率及为此行贿受贿的情况发生。

4.2.2.3　非程序化精英决策所占比重过大

现行规划决策管理制度从管理的流程来看，非程序化精英决策所占比重过大，导致规划决策缺乏稳定性和科学性，重大决策随着主要领导或者其注意力的变化而变化，摇摆不定。

按照决策内容是否重复性出现或按照决策问题的性质，决策可以分为程序化决策与非程序化决策。从表 4-1 可以看到理论上城市规划管理中程序化决策与非程序化决策的适用范围①的不同。

表 4-1　程序化决策与非程序化决策的比较

分类	程序化规划决策	非程序化规划决策
适用对象	常规规划编制与审批	战略性规划、创新规划
	日常的规划管理	规划管理中突发、偶发问题的处理
优点	有固定的程序可依	创新性
	便于管理、高效	及时性
	客观性	针对性
		灵活性
缺点	灵活性差	随机性
		主观性

非程序化规划决策是规划决策中常见的一种决策，尤其是在创新规划审批决策或者在规划决策实施过程中遇到新问题时，需要进行非程序化决策，它是与程序化决策共存的。我们现存的问题是，非程序化决策在规划决策中所占的比例过大。也就是说，像案例二中甚至包括控制性详细规划这类法定城市规划的组织编制与审批，都常常采用非程序化的决策模式。

更值得一提的是，对非程序化决策，往往采取的是非常典型的权力精英决策模式，即决策过程基本取决于权力精英的作用，甚至依赖于个人的经验和智慧。决策者的身份是个人，是主要的行政官员，而不是一个团体。这极大地降低了规划决策的科学性。

常规的规划决策本来有法定的程序可依，有合同时限、汇报流程需要遵守，即应该是程序化的决策，但现在几乎所有的规划决策都需要等待权力精英在繁忙的日程中见缝插针安排，使决策时间无期限延长。而且由于没有规定的决策程序，一项非程序化决策很可能被更高层次的或者取而代之的权力精英的非程序化

---

① 付清. 上海试点城镇建设中的非程序化规划决策研究 [D]. 上海：同济大学，2008.

决策所否定，导致决策过程的反复、低效与无序。如案例一所述，该市从2001—2009 年经历了 5 任市长的转换，在这种决策模式下，由于领导更换或者注意力改变等原因，战略决策目标多变，缺乏稳定性，城市规划的未来导向性目标不能得到连续一致、有效地执行和贯彻。

上述制度缺陷可以归结为我国行政体制设计上的决策中心化和决策封闭化。所谓决策中心化，即决策主体单一化、集权化，实质是权力过分集中问题①在城市规划决策中的表现。我国各级政府采取行政首长负责制，行政首长在行政过程中常常扮演着中心人角色。所谓决策封闭化，是指规划决策是在行政系统内部单向无反馈的线性过程，利益表达、利益综合和政策决定都在地方政府或其下属的行政部门的封闭行政系统内运行。其实，规划决策不仅仅是政府单方面的事务，政府内部的分工合作同样重要，政府同外部环境之间的互动更加重要。

4.3 规划决策管理效能优化的制度对策

参考图 4 –8 中对影响机制决策管理效能的制度要素分析，笔者针对性地提出优化规划管理效能的制度对策。

4.3.1 设立多元化的行政伦理和行政目标，完善多元主体博弈决策的规则

不同于计划经济时代完全由行政决策，市场经济和市民社会背景下的城市规划决策是典型的博弈②决策，有四种利益集团在规划实践中相互博弈并影响最终决策。

（1）行政官员群体。

行政官员群体规划行政网络中的显性权威，是规划的直接决策团体之一，其价值观和行动是各方利益关系的协调和权力配置的结果，有以强调社会整体利益的多元化和复杂化来掩盖实现政府 GDP 利益目的的倾向。

（2）专业技术团体。

专业技术团体在规划编制日益科学化、市场化、透明化及法制化的背景下，逐步由过去只对政府行政长官负责的单纯实施政策管理者，转变为参与政策制定

---

① 邓小平把权力过分集中的现象视为领导制度干部制度的主要弊端之一。他说："权力过分集中的现象就是在加强党的一元化领导的口号下，不适当地不加分析地把一切权力集中于党委，党委的权力又往往集中于几个书记，特别是集中于第一书记，什么事都要第一书记挂帅拍板，党的一元化领导往往因此而变成了个人领导，全国各级都不同程度地存在这个问题。"虽然邓小平是从党的角度对权力过分集中的现象进行批评，但实际上在城市规划决策管理领域中也同样存在此类问题。实际上市长拥有城市规划决策所需要的"全面"的、"最后"的人权、事权和财权。

② 博弈是指在一定的约束条件下，参与人同时或先后，一次或多次，从各自允许选择的行为或策略中进行选择并加以实施的决策互动过程。

的服务型行政部门，并成为各种矛盾交织的焦点。

（3）企业利益团体。

市场经济体制的建立和完善使社会基础发生了深刻变化，分配多元化格局的形成和发展构成了企业利益团体自治的资源空间领域。企业利益集团在市场经济条件下已经成长为规划网络中影响公共组织特别是政府组织的结构、行为及其结果的隐性的关键角色，他们拥有强大的话语权，是城市规划的间接决策团体。他们追求可持续经济利润最大化的单一目标，在发展城市经济、提升效率及贡献税收的同时也产生负的外部效应。例如，损害公众利益与公平正义，直接导致规划实施和管理成本的上升，社会资源的低效配置及寻租行为。

（4）民间社会团体。

作为日益强势的市民社会中的非政府组织，民间社会团体正逐渐从边缘走向社会舞台中心，表现为社会目标的多元化，普通市民借由民间社会团体及舆论媒体等获得了越来越多、越来越强的话语权，为政府决策提供咨询，为政策的有效执行提供帮助。随着政府行政的逐渐公开透明，其维护社会公正的作用越来越大。

多元化的利益主体必然要求多元化的行政伦理和行政目标，因此必须打破现行封闭行政系统内的单中心规划决策体制，把多元化的主体纳入规划决策流程中。多元主体参与的城市规划决策是不完全信息动态博弈①。因此，应关注以下三方面问题。

（1）重视博弈过程的动态分析和信息提供。

博弈中行为主体间利益互动的博弈行为或策略行为，涉及行为主体的动机、掌握信息的程度、价值标准和选择策略等问题。在规划决策过程中，必须重视动态分析博弈方在不同阶段的策略选择及相应得益，以及博弈方选择策略时的制约因素，以期在动态博弈的关键环节对其进行有效控制，而弱化一些不必要的反复程序。此外，博弈双方理性程度与其所获得的信息极为密切，以合法途径提供给博弈方尽量充分的信息，是规划决策向理性发展的重要途径，也是决策博弈取得理想结果的重要条件之一。

（2）倡导团体理性的"合作博弈"。

理论上一般将存在具有约束力协议的博弈称为"合作博弈"，否则即为"非合作博弈"，在多元利益的均衡中，只有博弈方能达成一个有约束力的协议才可

---

① 根据博弈过程中博弈人行动的先后顺序，博弈可以分为静态博弈和动态博弈。静态博弈是指博弈中，参与人同时选择行动或非同时但后者并不知道前者具体选择了什么具体行动；动态博弈是指参与人的行动有先后顺序，且后者能够观察到先行动者所选择的行动。根据参与人对其他参与人的特征、战略选择集合及支付函数的知识，博弈可以分为完全信息博弈和不完全信息博弈。完全信息博弈是指决策主体在知道博弈的结构、规则和决策主体双方的偏好、战略选择的条件下的博弈；不完全信息博弈则是指决策主体对博弈的结构、规则和决策主体双方的偏好、战略选择等不很了解条件下的博弈。

能出现理想结果。规划实施要取得满意的结果，也应当引进合作博弈的思路，这在制订规则的规划决策阶段尤为重要。倡导合作博弈①的规划决策应该通过激励和约束机制的设立，平衡多元利益集团的利益，强调团体理性，即整体最优，引导各行为主体间形成一个具有约束力的协议或契约。在这种意义上，城市规划合作博弈的实质又在于利益格局的调整和基本利益关系的重新构建，寻求利益格局调整中的最小摩擦值。

（3）追求博弈的"正和"结果。

由于利益主体价值观的多元化，博弈并不都能达到完全理想的合作结果。通常情况下，规划决策博弈可能会产生三种不同的结果，即"正和"②"零和"③和"负和"④。现实中完全"正和"的情况是很难的。所谓城市规划决策博弈追求"正和"结果，就是要充分运用博弈理论和制定合理规则，使博弈方存在相互配合（但并非相互串通），在各自利益驱动下自觉采取合作态度，争取尽可能大的社会利益和个人利益，注重集体理性和个人理性的统一，近期、局部利益与长远、全局利益的统一。

4.3.2　优化行政职能组织，建立均衡博弈的规划决策管理体制

如前文分析，过度中心化的决策组织结构无法有效应对规划信息搜集、整理、加工、储存、传递、处理、评估的过程，造成规划决策管理的低效甚至失效。规划决策管理和许可管理的主体复合，不但不利于保证规划决策的严肃性，

---

① 合作博弈是指各个决策主体在采取各自的行为时，能够达成具有约束力的协议，强调团体理性，常常诉诸帕累托最优、公平和公正等。非合作博弈是指各个决策主体在采取各自的行为时，不能够达成具有约束力的协议，强调个人理性、个人决策最优，其结果可能是个人理性行为导致集体的非理性。

② 博弈的结果达到了博弈各方所追求的目标，博弈各方都认为自己所做出的选择是最优决策，即"纳什均衡"状态。在这种均衡条件下，所有参与人都选择自己的最优战略，没有任何人会选择其他战略，也就是说这种战略组合是由所有参与人的最优战略组成的。这种决策结果达到了集体理性和个人理性的统一。

③ "零和"指博弈的结果是一种对城市的建设和经济发展不起任何作用的结局。对博弈各方来说，就是一方或者一部分实现了最优选择，但是另一方或者另一部分没有达到最优选择。无论这项决策是保证了政府的利益、公众的利益还是企业集团的利益，都不能认为该项决策是最优的，因为有些决策可能无法执行或在执行中会遇到强烈的抵制。这是现行我们城市规划决策在封闭的行政系统内运行遇到的主要问题，即行政决策低效。

④ "负和"指博弈的结果不仅没对城市的建设和经济发展起到任何正面作用，而且还阻碍了城市建设和经济发展的顺利进行。这种结果的发生，往往是个人理性或者企业理性得到了满足，但集体理性或者社会理性却受到了损害。这种安排可能获得了近期或者局部利益，但对长远或者全局利益却是一种损害。这种情况就是城市规划决策的失误或者决策"寻租"行为，即行政决策失效。

而且还创造了"寻租"空间。因此，应当优化行政职能组织，建立决策与执行相对分离，分级决策、权责清晰的规划决策管理体制。

4.3.2.1　改变规划决策管理体制的层级架构和职能划分

1. 决策权与许可权（执行权）的适度分立

鉴于目前政府行政体制中的七种不良现象（即行政道德失范、寻租活动、政府决策缺乏完全准确的信息、政府决策时滞、政府活动低效率、政府的主观倾向和政府推诿责任的倾向）可以在行政三权制约与协调改革中解决①，规划决策管理体制的改革应该借鉴"行政三分制"②的政府管理体制创新的探索，建立规划决策管理权与执行管理权适度分离的制约与协调制度，实现行政职能的相对分离、行政机构分设管理以及权力运作中的分工与协作机制，以提高规划决策本身的合理性、减少因决策范围扩大而产生谋利的机会，提升决策和执行的质量和效率；明晰政策制定者和执行者的责任，规避权责模糊与推诿扯皮；克服部门利益的产生，抑制行政腐败，实现多元利益整合的公共利益最大化。

在规划决策与许可职能分离的过程中，要特别重视新职能架构运作可能带来的新问题，诸如权责平衡问题、部门协调问题、职能分割尺度的问题，以及新设立组织的组建和相关的法律保障问题。

2. 由中心化金字塔形走向多元化扁平形的组织架构，减少决策组织层级

与管理层次多的金字塔形中心化组织结构相比，管理幅度宽大的扁平化组织结构管理层次较少，它减少了信息、决策双重层级传递而附加的时间成本、人力成本、协调成本，降低了传递链上信息失误和扭曲的概率，是一种可取的组织结构模式。还需要注意的是，利益主体多元化、需求层次多元共存，要求规划决策管理作为重要的公共政策制定过程，应该是开放式的组织体系，随时与外界的体制环境、治理主体之间保持着信息的互通与反馈、修正途径的畅通。

4.3.2.2　构建多元主体发挥作用的权力配置平台

为了保证多元化的行政伦理和行政目标，以及多元主体博弈决策的行政流程的实现，必然要求规划决策管理体制在权利配置上构建多元主体发挥作用的平台。

1. 决策权力的结构性调整：权力转移

在多元化目标的指引下，系统内部行为要实行分权决策③，从而在制度上保

①　杨爱元. 论行政三分的理由［J］. 行政论坛，2004（7）：30－31.

②　行政三分制即将政府公共行政权力的决策权、执行权、监督权适度分开，使这三种权力既分工制衡，又相互协调，以推动行政职能的实现的制度。

③　行政管理分权是当前政府分权化改革的一个核心取向，它寻求的是提供公共服务的权力、责任和财政资源在不同层次政府间再分配。行政管理分权最主要的三种具体方式就是权力分散、权力下放、授权与委托。

障不同组织层次之间的决策相互补充，对实现共同目标产生群体效应，但是分权的规划决策管理同时也会带来整体效益抵消等一系列的问题。因此，在规划决策权力的结构性调整中，我们必须另寻出路。由于规划决策管理面临的困境与"权力转移"概念提出的结构性原因①相吻合，研究借鉴权力转移理论来指导规划决策权力的结构性调整，实现决策体系权力的重新配置。

权力转移的概念是对分权核心理念的调整与完善，在规划决策的权力配置中，不仅需要向下（区规划局、街道办事处）的分权，而且对于规划决策的某些重要环节，同样需要向上、向内的集权，以便宏观调控，但集中必须是有限的集中；不仅是公共服务的权力、责任和财政资源在不同层次政府间再分配，而且包括向半自治公共权力机构或社团、区域性或职能性权力机构公众自治组织的职责转移。更重要的是，在规划决策管理中，无论哪种形式的分权或集权都不应以其本身为目的，分权或集权应当被视为实现战略目标的一种可能途径。权力转移这一概念，更强调权力配置的途径和方式，而不是配置的结果。

2. 构建均衡网络博弈

在现行的规划决策管理体系中，虽然从理论上讲，城市规划决策中的决策者是多元化的，但事实上，城市政府和城市最高决策者的作用是绝对化的，其他决策者的作用相对较弱。政府及行政领导始终处在金字塔的最顶层。一方面作为"自然人"的政府②在决策过程中有心无力，另一方面，作为"经济人"的政府私欲膨胀，这些都是政府失灵的体现，都会导致城市规划决策的失效。规划行政机关与行政相对方的博弈，往往只能在转化为规划工作人员与行政相对人的博弈、工作人员与行政领导及其他人员的博弈之后，才能够真正得到贴近事实的解

---

① 权力转移概念提出的结构性原因。主要有以下两点：

第一，利益分化引起权力的结构性转移。现实世界中各种主体的利益永远不会完全保持一致。利益分化带来了社会结构的变化，造就了大批的个体精英和利益集团，要求权力资源的重新整合和再分配，使得过去国家作为唯一的权力中心受到挑战。可以说，利益分化充当了社会结构调整的驱动器。新的社会势力和利益集团会要求新的制度安排，不断寻求政治参与的机会，充分利用权力的利益含量，渴望权力的结构性调整。在这种形势下，如何寻求制度和权力结构的平衡，就涉及权力转移问题。

第二，民主化要求权力转移。市民的利益诉求需向权力表达，它要求在扩张城市政府权力的同时增加市民的权利，达成政府全力于公民权利的平衡，即政治体系由权威主义统治向民主政治的转型。"民主化的基本意义之一，是政治权力日益从政治国家返还公民社会"。民主化意味着政府权力将受到限制，国家职能会缩小，新的公共权威日益建构在政府和公民的互动基础之上。在民主化过程中，国家的权力要下放，自治团体的权力将扩大。

② 在现行的城市规划决策体制中，事实上隐含了一个全知全能、尽善尽美的观察者和评价者，能够通过综合分析种种因素以配置规划权力及其所掌握的空间资源，从而平衡公共利益和个人利益，但这只是一种理想状态，事实上作为"自然人"的行政领导不可能尽善尽美地洞悉一切。

释。也就是说，城市规划决策博弈中的博弈方只有处于平衡的地位，才能够真正展开有效的博弈。

想要通过权力转移保证这种真正有效的博弈，规划决策的组织结构，也就需要由单向的线形结构走向均衡的网络状结构①，形成一个由行政官员集团、专业技术集团、企业利益集团、民间社会团体等组成的网络基础，权力交接点的权力运行应当是相互制衡的、透明的、公开的。

均衡网络状决策组织的机制构建应该具有以下特点：首先，改变官僚制的中心——边缘结构为非中心的结构框架②。网络结构应该是无中心的组织，强调通过速度、弹性、整合和创新来实现组织的秩序，实现组织的效率目标。网络结构会带来更高的效率，因为组织的网络结构将以对环境的适应性程度的提高来获得整体效能的提高。这种组织的合作性质决定了它会实现与制度环境的互动，会积极地把环境中的有利因素吸收到组织运动的动力机制中来；而对于环境中的不利因素，也会做出灵活的回应。其次，打破组织的边界，形成密集的多边联系和充分的合作，使组织与外部环境、社会治理主体之间具有可渗透性和模糊性，即淡化在传统治理体系中泾渭分明的组织与其外界环境的界限。网络组织把组织的界限充分淡化，也就淡化了组织与服务对象之间、不同治理主体之间的区别，强调政府和社会自治力量等其他社会治理主体之间的良性互动与合作，让政府和社会自治力量融合，真正做到为公共利益服务。再次，组织内部权力关系、法律关系与新生的行政伦理关系相互融合。传统线性的封闭结构是一种关系失衡的结构框架，权力关系和法律关系不能有机地融合。而网络结构中多元行政伦理关系的出现，使得权力关系不再处于轴心地位，法律关系和伦理关系不再处于边缘地带。同样，也及时地遏制了试图以法律关系取代权力关系的思路，使权力关系、法律关系和伦理关系成为一种互为支持的三位一体的平行关系。

---

① 网络化结构实际上是在扁平化和矩阵结构基础上的延伸。美国社会预测学家约翰·奈斯比特于 20 世纪 80 年代就在他的名著《大趋势——改变我们生活的十个新方向》一书中论说了网络组织。他认为网络就是人们彼此交谈，分享思想、信息和资源。网络组织是达到目标的过程，也就是人与人、人群与人群互相联系的沟通途径。这样，网络组织就可以提供一种线性结构永远无法提供的东西——真正没有限制的横向联系。同时，网络化组织还将权力赋予个人，人们之间相互平等、彼此教育。

② 传统的组织结构是单一中心的以官僚制作为组织的制度基础的，其成功的关键是规模、职责清晰、专业化和控制。组织的规模越大，管理成本越低，与供应商和顾客谈判时越有讨价还价的能力；职责清晰有利于提高内部的生产效率；强调劳动分工产生高度专业化的部门和人员；这些都需要有强有力的控制，需要强有力的权力中心。官僚制组织的中心—边缘结构是从属于效率目标的，因为有了这种结构，命令才能统一并被逐级地贯彻下去，才会以一个整体的形式营造出较高的效率。

4.3.3 规范管理流程，合理运用程序化决策与非程序化决策

决策分为程序化决策与非程序化决策①，如表4-1所述。程序化决策具有高效率、确定性和透明性的特点，非程序化决策具有主观能动性，但如果与精英式的个人决策模式相结合，就受个人能力、偏好影响过大而缺乏客观性和不透明性。这两种决策并不是截然不同的两类决策，而是像光谱一样的连续统一体，其一端为高度程序化的决策，而另一端为高度非程序化的决策。在实际情况中，有些决策属于完全程序化的，有的是属于完全非程序化的，还有些决策处于两者之间，或多侧重于前者，或多侧重于后者。针对这两类决策的特点，制定程序化决策主要是应用运筹学、博弈论、"贝叶斯"决策论及计算机模拟等，并且有明确的程序需要遵循。对于非程序化决策，要考虑的不仅仅是最后的批准举动，还应包括它之前全部复杂的活动，而且这些活动的各个组成部分都应该是经过程序化了的。在这些组成部分被设计和组装之前，就必须有专门从事非程序化决策的部门为其提供较为广泛的总体战略框架，并借助专家、社会咨询机构为决策提供支持。概言之，程序化决策和非程序化决策都需要遵守一定的程序，但应当是根据各自的特点设定，程序设定的基本原则应当有利于决策的科学化。

无论在行政首长负责制的政府运作框架中，还是多元主体博弈的均衡网络中，决策的程序化都是确保社会公正、公平、民主的关键。作为一种公共政策制定的过程，规划决策过程早已突破了技术的领域，更多的是在寻求协调各方利益的平衡点，在这个过程中应当用决策程序的透明度原则和准确度原则来保证其顺利完成，保证规划决策是政府、各利益群体及公众共同参与协商的结果。决策团体实际成员的构成、成员参与决策的方式、设定的决策流程，这些规定作为实质公正的有效补充，可以避免规划决策成为城市最高决策者的"专利"，避免规划决策结果的不公正。从这个角度看，无论是程序化决策还是非程序化决策都有必要设置合理的程序。

按照新制度经济学的观点，制度会降低交易成本。程序是制度的重要组成部分，合理的决策程序，即经过设计的、已经减少了行政过程中可能出现的重复或

---

① 这两种决策由美国的西蒙（H. A. Simon）在对决策的研究中指出。程序化决策是指有些决策问题反复出现，人们就可以制订一套例行程序来解决它，凡是遇到同类性质的决策，就可照章办理，不必每次重新做决策。例如，在规划管理中法定规划编制的审批，项目"一书两证"的审批。非程序化决策的决策问题表现为新颖、无结构、具有不寻常影响的程度，处理这类问题没有现成的程序，因为这类问题在过去尚未发生过，或因为其确切的性质和结构尚捉摸不定或很复杂，或因为其十分重要而需要用现裁现做的方式加以处理，如规划中城市发展战略性的决策或对城市新的发展模式进行探索的决策，都属于这一类决策。一般来说，决策层次越低，决策越是趋向程序性，反之，则趋向非程序性，而两端之间，则是程序性和非程序性渗透并存的混合型决策。

多余的环节，把环节简化到了尽可能少但又保证有效程度的决策程序可以大幅度提高决策效率，节省决策者和相关人员的时间、精力，节省资金。行政程序规定了决策各环节的先后次序排列、衔接关系和时限，有利于决策者有条不紊地进行决策并防止决策者不必要的拖延。在决策主体日趋多元化和决策对象日趋复杂化的今天，将决策程序纳入到科学化的轨道，使其尽可能在有序的状态下进行，可以将决策失效的可能性大大减少。

此外，城市规划决策程序是监督城市规划决策的依据。城市规划决策的效果评价对于专业人员已非易事，各方面的监督者更难以通过对决策效果的观察来监督决策活动。程序的存在给监督者判断城市规划决策活动是否违法或不当提供了切入点，也就是说，有了程序的规定，监督者就可以在决策过程中及时发现违反程序的问题，避免决策失误。

4.4 效能型规划决策管理制度范式设计

从上一节制度对策的研究中得知，代表多元利益诉求，寻求合作正和博弈的特定均衡点，决策管理权合理转移与相对独立，均衡网络状的决策组织结构、合理设定程序化与非程序化决策的行政流程，是效能型规划决策管理制度设计的关键。

制度是演化而非发明创造出来的，在开始设计制度之前，我们通常会从社会过去的历史中寻求灵感以及合法性，或者"复制"已有先进的制度模式①。制度设计者在考虑制度借鉴和移植时必须慎重②，必须考虑与现有制度环境和体制框架的契合问题。

4.4.1 优化行政首长负责制与委员会体制的比选

现行国内外规划决策的管理体制主要有两个方向，即行政首长负责制和规划委员会制。行政首长负责制在规划决策管理中的问题和缺陷在前面章节中已有详细的探讨，现在我们需要考虑的是对该种模式进行优化与改进，还是采用委员会负责制。

改进行政首长负责制③，规范"中心人"进行决策的程序，明晰决策后的责任，在一定程度上会改进决策多变、难于实施的困境。行政首长负责制的特点使决策权的权威性和整体性得到较好的体现，便于决策方案的进一步实施和贯彻；该种模式在现有的体制框架内改动最少，在行政系统内部摩擦值最小。然而，其缺点也是显而易见的：决策的民主性难以充分地体现，强调用法律和强制的手

---

① 奥菲（Claus Offe）的研究，详见第 2 章文献综述。
② 科拉姆（Bruce Talbot Coram）的研究，详见第 2 章文献综述。
③ 即指行政机关包括各级城市政府及其城市规划管理部门的首长拥有决策裁定权。

段，要求公众去接受和执行规划决策，是官本位公共决策过程的体现，这不符合多元化背景下"授权"①和"代议"②的思想，不符合多元化的行政伦理和行政目标，必然会引发后续管理过程中激烈的博弈。

委员会负责制将规划决策管理交由法定的决策机构进行，这个机构的组成包括政府机关、非政府机关的团体、市民代表等，它仅是决策机构，而不是决策的执行机构。与首长负责制相比，委员会制实现了决策与执行的分离；实现了权力的转移和均衡配置；其决策结果充分反映各利益集团的意志，代表了多元利益主体的诉求；淡化了组织与服务对象之间、不同治理主体之间的区别，使权力、法律和伦理关系成为三位一体的平行关系。当然，它也有不足之处，就是决策的程序比较繁琐，由于有各个阶层人士的参与，过多的争论可能使一些拟决策的事项悬而未决，因此，合理决策方式的选择与严格流程的设置成为委员会制高效运转亟须解决的问题。

在市场经济体制下，城市规划所直接面对的是依附于城市土地和空间使用上的利益关系，这是城市规划配置和安排土地使用所蕴含的本质意义。从这样的意义上去认识城市规划就可以看到，仅仅依赖于技术手段和行政方式难以达到规划实施的目的。因为规划行政不仅在协调、平衡不同的利益关系，而且本身也是在创造不同的利益关系。这就要求有日常运作的、具有代表民意的、具有决策能力的特定机构来处理相应的问题。而从政治体制改革的民主化要求出发，也需要有这样一种不仅仅局限于政府行政部门首长参加的决策性机构来处理规划管理的具体问题。

从政府部门的相互协作角度看，由于规划管理部门是政府的一个事务部门，与其他相关部门会发生各种复杂关系。但出现矛盾或需要协调时，由于规划部门与其他部门在行政级别等方面相同甚至低于其他部门，规划的原则与要求难以得到贯彻，这就需要通过委员会体制的协商功能，使有关行政部门更好地协调。这样可以做到决策快，减少相互之间的扯皮，同时又可以在平衡利益的基础上强化部门之间的协调，对相关问题进行决策。

通过研究分析，笔者认为规划委员会制更符合规划决策管理效能的要求。

4.4.2 规划委员会类型的比选与优化

从现行国内外已有的规委会类型来看，城市规划委员会有咨询协调型、行政型和立法型三种体制模式。由于咨询协调型规委会模式在实践中效果不佳，我们

---

① 在公共决策的过程中，政府应该提供给民众足够的资源：包括权利和信息，让民众决定做什么和如何去实现自己的目标。

② 实质上，公众和决策者之间是"委托人"和"代理人"的关系。

在确定规划委员会类型时，将考虑在以美国为代表的立法型规委会①和以香港、深圳为代表的行政型规委会②之间进行比选。

行政型的委员会作为一个法定组织，在政府的行政序列中有明确的定位，发挥较强的管理决策能力，此外还对许多城市规划事务具有明确的审批职能，这在一定程度上补充修正了单一行政首长负责制的不足。但整体而言，由于行政型规委会本质上仍受缚于官僚行政体制，并未能完全发挥规划委员会应有的积极作用。

相较行政型的规委会，立法型的规委会决策效力更高，在决策准则方面也实现了由"技术＋行政"到"技术＋行政＋政治"综合的过渡，体现了城市规划决策管理向民主化迈进的不同阶段。在多元社会背景下，多元的利益诉求决定了组织民主化程度当然是越高越好，立法型的规划委员会意味着决策向民主化的最高阶段迈进。但同时也应注意到，立法型的规委会也有其必然的缺陷，政治性高于技术性是立法型城市规划委员会的特征，也是问题出现的根源。代议制团体体现的是全体人民或大部分人民的权力，这种决策形式在操作上其实存在致命的风险，因为"权力可能被随意使用，造成无经验人士裁判有经验人士的悲剧"③。也就是说，对解决高难度的专业性问题而言，采取代议制的方式，将决策权交由代表人民权力却不了解技术的团体可能会承担较大风险，规划决策管理正属于此类。由于城市规划组织编制及审批具有较高的专业性和技术性，决策时若对政治因素考虑过重，则可能会降低决策对技术理性考量的程度，从而对决策结果产生不良影响。解决这项弊病的重要手段就是"政府派信任的代表出席，有权发言但无权表决"。此外，需要"一个代表着专业素养且能持续跟进工作的作为政府重要部分，人民代言人的小团体"，由此安排可以兼顾决策的合法性与合理性。

城市规划委员会作为网络状决策组织结构的载体，其所采取的体制模式，需要契合城市现时的城市规划体制环境，保守或者过于超前都会使组织机构陷入

① 立法型即规委会由权力机构委任，其所做的决策代表全体人民利益，即相当于城市规划领域的"议会"或者"人民代表大会"，效力高于行政决策，它不仅能监督行政机构，而且能对其发号施令。美国城市具有立法型城市规划委员会特征。

② 行政型规委会即规委会由城市政府依法设置，其作为一个法定组织，对城市规划和相关重大事务进行审议，在政府的行政序列中有明确的程序，发挥较强的管理决策能力，此外还对许多城市规划事务具有明确的审批职能，所做出的决议不是决策参谋意见，而是代政府决策，必须加以执行，其性质表现为法定决策机构，深规委属于此类型。

③ 参见 J. S. 密尔《代议制政府》中第五章"代议团体的应有职能"的相关内容。密尔指出，在英国"可能是由最有资格而且具有各种设备和手段的权威审慎起草的，或者是由精通该问题的人们组成的、多年从事于考虑和钻研特定措施的特别委员会起草的法律草案，却不能得到通过"，也就是说，对于解决高难度的技术问题来说，将决策权力交由代表"人民"权力却不了解技术的团体可能承担较大的风险，城市规划正属于此类。

窘境。

规划管理主要包括组织编制和审批（规划立法）、规划许可和规划实施三个方面，从国外的实践经验来看，其涉及的主体为立法机构、行政机构和法定组织，很少有国家是单一的规划行政主体统揽规划立法和规划实施管理。成立城市规划法定组织是改变城市规划体制中单一主体模式的有效办法。相应地，相对独立的规划法定组织可以承担规划立法和规划监督的职责，而且设立独立于行政体制之外的专门规划决策机构有助于在四个方面提高效能：①充分听取综合专业人员、市场主体和社会公众的意见，保证决策的科学性和可操作性；②保证规划决策的稳定性和连续性；③规避寻租；④解决规划行政决策单中心和封闭性带来的失效性问题。

鉴于此，本研究希望在认真借鉴现有的行政型规划委员会组织和运作经验基础上，对其进行调整与完善，向立法型规委会的方向发展，即选择的规委会制度模式同时兼有行政型和立法型规委会的特征。

4.4.3 以新型规委会为核心的规划决策管理范式制度设计

以新型规委会为核心的规划决策管理制度要求：

第一，明晰多元决策主体，打破封闭在行政系统内的单中心决策体制，实现权力体制的一种外转移，向决策民主化方向努力。

第二，均衡决策权划分，形成均衡网络的决策组织结构，实现权力的横向转移，部分规划决策权由市政府和规划局转向市规委会，在这个过程中，也实现了部分决策权在市政府与市人大之间的转移。

第三，规范决策程序，实现精英式个体决策向程序化群体决策的转变，构建多元开放式博弈决策模式。如图4-9与图4-10所示。

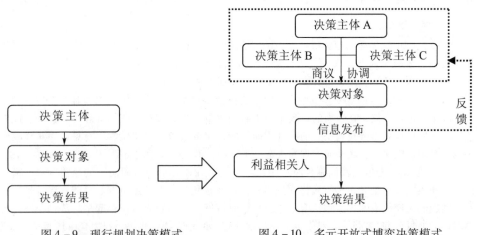

图4-9　现行规划决策模式　　　　　图4-10　多元开放式博弈决策模式

4.4.3.1 城市规划委员会的定位

效能型规划决策管理体制是在中国特色的人民代表大会制度和人大—政府授权体制框架基础上，依托行政型和立法型规委会制度而进行优化设计。也就是说，城市规划委员会定位为独立于行政机构的实体组织机构，规委会的职责、权限由立法机关即人大在相关法律、法规中明确授予，作为人大的派出机构，直接向权力机关——人民代表大会及其常务委员会负责，保证其法律权威性。作为代表着技术、社会和政治力量的网络型团体组织决策机构，由政府进行必要的引导与支持，有望较好地满足技术、行政和民主等多方面的需求。

规划决策权下的分权与转移如图4-11所示。图4-11清晰地界定了城市规划委员会制度的本质：其一，对于有着严格技术性要求、复杂性的规划法规，以及对规划编制成果的审查，由实质上的精英式个体决策（常常以领导小组形式体现）向均衡网络组织结构的团体决策转变；其二，由行政领导主导向专家、市民、社会团体参与决策的平台转变，是权力体制外转移的重要途径；其三，规划委员会作为直接向人大负责的、独立于政府行政体系之外的实体机构，是部分规划决策权在市政府和人大之间横向转移的一个重要载体。

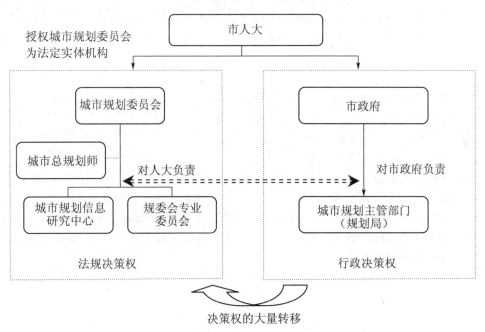

图4-11 规划决策权的分权与转移

在图4-11的体系中，规划委员会的法规决策与规划局的行政决策互不干扰、有机统一。城市规划委员会作为人大的派出机构，享有立法咨询权，其审定规划的过程就是规划立法过程的延伸。由于城市规划委员会享有法规决策权，规划编制审批结果可以作为有力的法规制度，约束规划局行使的规划行政决策权。

4.4.3.2 城市规划委员会的职责

作为实体性的决策组织机构，城市规划委员会主要承担以下职责：

（1）负责起草当地的城乡规划管理法规和城市规划方针政策。

（2）下达并审批城市规划重大研究项目、分区规划、专项规划、控制性详细规划、重点地段城市设计等年度任务。

（3）除国家法律规定必须由上级政府审批的宏观规划类型以外，负责组织编制及审批全市控规及控规层面以上各类城乡规划方案（包括战略规划、总体规划、专项规划、控制性详细规划、重点地段城市设计等），上报立法机构批准后成为法律。

（4）定期对城市总体规划、控制性详细规划的实施情况进行检查回顾，提出修正规划的具体事宜。

（5）审查重大建设项目的规划选址方案和建设计划。

（6）对城市规划局及与规划行政密切相关的行政组织机构（如建设局）进行年度评议与监督。

4.4.3.3 城市规划委员会的机构设置

在城市规划委员会内部机构的设置上，应该打破传统的根据审议项目类型和工作分工设置部门的做法，在多元化行政伦理与民主决策的理念指导下，以形成"权力制约权力"的机制为目的，从政府、专家和社会公众三个方面进行综合平衡。

城市规划委员的机构设置如图4-12所示，它设立四委一处，即技术委员会、行政委员会、利益委员会、规委会顾问委员会和规委会秘书处。其中，由不同知识结构、不同专业经验和不同利益背景的政府公务人员组成的行政委员会；由各行业和各学科的专家或技术专才组成的、代表着规划理性的技术委员会；由选举的社会人士组成的代表着公众利益诉求的利益委员会；由来自城市以外的有关专家、政府人员和知名人士组成的、代表着规划平衡的规委会顾问委员会。设置一个常设的办事机构和代表机构即秘书处，处理城市规划委员会的日常事务，它作为实体组织法律意义上的当事人，承担相应的法律责任，秘书处的实际负责人由城市总规划师担任。

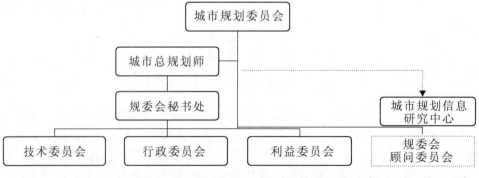

图4-12 城市规划委员会的机构设置

城市总规划师采取职务常任，即"无过失不受免职处分"且"没有任期限制"。常任制的城市总规划师能将城市规划战略决策与实施受政府任期换届的影响减至最低，可以在城市规划建设管理问题上承上启下，进而对城市建设发展乃至项目决策和实施中的失误做出正确的判断和选择，以保证城市规划实施管理的正确性和连续性。城市总规划师制度，实际上是在政府决策层中引入一般性行政与技术性行政的分立模式①，相当于城市规划建设总体决策上的参谋部。城市总规划制度框架如图 4-13 所示。

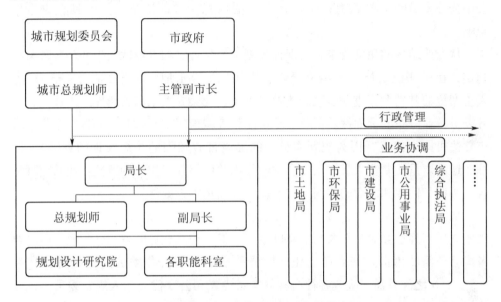

图 4-13 城市总规划师制度框架

4.4.3.4 城市规划委员会的组织结构和成员组成

各类规划委员会的职能、定位、所处的城市有所不同，其人员构成会有很大区别②，重要的是，规划委员会应不断寻求最佳的组织规模和组织结构，包括行

---

① 城市总规划师制度是世界上较为流行的一种制度，德国、法国、英国、美国和俄罗斯等许多国家的城市政府都普遍采用，该制度有利于城市规划行政在减少审批手续后，更为主动、积极、有效地推动政府对城市规划编制、审批和实施等方面的管理工作。

② 在美国，规委会委员通常由城市行政长官提名并由立法机构批准，其委员包括社区内房地产商、银行家、商会等方面的代表，或者是律师、建筑师、医生、劳工代表、社会工作者等。有的规划委员会还有地方政府各个部门的负责人参加，但他们的职责主要是对一些事务提供专业帮助，通常没有投票权。委员任期相错，以保证规划理念的连续性，不同城市规划委员会人数不同，平均为 8～9 名，纽约市规划委员会人数为 12 名。在香港，规划委员会委员通常由特首委任，委员会由主席、副主席、官方委员 5 人和 33 名非官方成员组成，其中由规划环境地政司担任主席，由规划署署长担任副主席，其他 5 名官方成员来自与城市发展有关的部门。

业结构、专业结构、人员结构等。

规划委员会应存在一种最佳的从行业机构的角度要求，需要完善公务人员的部门席位制，增进规划事务在政府各个部门之间的磋商，降低规划行政成本。公务委员应主要是政府部门的首长，包括规划局、建设局、国土局、交通局、房产局、环保局、市政公用局、园林局的局长。但是公务委员在规划委员会机构里均以个人身份而非组织身份委任，以保证网络式组织结构的均衡性。城市规划委员会中公务委员的主要职责在于提供必要的信息，对审议结果并不具有决定性影响。

从专业结构的角度要求，为保证规划决策管理这项专业性较强的公共政策的制定，在保证规划技术及相关行业（诸如规划、土地、环保、能源、电力等）人士席位的基础上，进一步吸收法律界人士、社会界人士和工商界人士加入，提升委员行业分布的全面性。委员应尽可能代表城市的主要行业，并且应当包括城市立法机构的代表（因为规划委员会的决策带有较强的法规修正的意义），此外，还需要重视专业人员在规委会中的作用并保持其工作的持续性，使其起到整合、协调、促裁和润滑的作用，在实质上提高技术权威性。

从人员结构角度看，城市规划委员会要以多元利益诉求的平衡为行政目标，借鉴立法型规委会对公众参与的高度重视，保证公众意见能被充分听取，同时要考虑公务委员和非公务委员的比例。公务委员与非公务委员的比例可保持在1:5～1:6之间，需要吸收各社会利益集团代表和公众代表加入规划委员会，使决策过程更多地反映不同利益集团的诉求。在城市规划委员会成员的推选中，需要公开征询社会公众的意见，委员中有部分民众直接推举的社会代表人士（社会团体、社区、企业、市民的代表），使规划委员会成为民众参与规划决策的重要场所，真正具有民主权威性。

从组织规模的角度要求，以城市总体规划的编制审批为例，直接涉及的专业有10多种，加上间接涉及的专业，专业人士至少15名，再考虑政府官员、社会人士，委员数应在25～30名，甚至更多。但有关管理学研究表明，委员会规模在5～11人时，决策效能最好。规模过大，委员之间出现分歧过多，或形成小团体，或抱有从众心理，导致决策效率下降。为此，某市根据实际，其城市规划委员会可以实行议决分离制，扩大委员会的规模，每个专业保证2名代表，各部门席位制也保持1名，同时高级行政官员、社会代表也扩大名额，组成40～50人的委员会。在审议阶段，全体委员参与，广泛讨论和听取意见，体现民主。在表决阶段，每个相关专业1名代表参与，行政官员、部门代表与社会代表仅相关者参与，保持15人左右，体现集中。这也可保证委员会运转的灵活性，避免因个别委员缺席而导致会议受阻。

4.4.3.5 城市规划委员会的决策管理范式

向立法型规委会方向发展的城市规划委员会，它作为人大派出机构，其行动和决策是否得到支持是由地方立法机构决定的。在规委会的职能范畴内，人大有权同意或否决规划委员会的决策、报告和建议，行政机构对其决策结果影响甚微。

在决策规则设置方面，我们可以吸纳西方国家"参议院、众议院、总统"三者之间的制约方式，根据拟决策事项的重要性设立最严格制约方式、普通制约方式、优先制约方式来实现效率与公平之间的均衡。具体来讲，行政、技术、利益三个委员会表决权力的相互关系有三种：①最严格的制约方式，只有当三个委员会一致赞同意见，决策表决才能通过；②普通制约方式，取得两个委员会赞同意见，决策表决便可以通过；③优先制约方式，取得技术委员会和其他任何一个委员会赞同意见的，决策表决即可通过。在每个委员会认可决策通过与否应视决策对象的不同而有区别：全体一致通过、2/3 多数通过、过半数通过。由于人们一般对不确定性较大、难以预测决策对个人未来影响的方案取得一致，对于规划方针政策或者宏观层次的规划，应采取全体一致通过的方式，对于中观层次的规划，应采取 2/3 多数通过的方式，对于微观层次的规划，应采取过半数通过的方式。

作为相对独立的实体机构的城市规划委员会，需要兼顾民主化需求、效能优化和行政可操作性等原则，对容易松散的"委员会制"① 进行合理的制度安排，以有效引导和制衡规划许可管理环节。将会议制度从召集制改为例会制，固定每月召开一次，根据议决分离的原则确定每次会议的人数，即在审议阶段，通知全体委员会成员参与，未到会委员的意见可通过书面文件或其他形式转达。在表决阶段，将决议人数控制在 15 人左右，要求被通知委员必须参加。总规划师与规委会秘书处负责日常工作。

同时，还应加强其激励和制约机制。在不涉及国家秘密、商业秘密的前提下，所有的表决应该采用记名投票的方式进行，并且委员会的表决形成必须对公众和媒体公开，这样的表决机制，可以敦促委员们慎重地行使权力。同时加强对城市规划委员会委员的激励和约束：包括通过舆论等手段提升委员们的荣誉感，

---

① 委员会制作为一种集体决策的制度，在一定程度上很难避免部分成员不负责任、滥竽充数。城市规划委员会中，毕竟是由集体，而不是某个人为最后的决策负责，这种"责任扩散效应"使可能的决策失误难以问责。

激励委员积极履行职责；对委员定期进行信用评定，防止可能的懈怠甚至利益集团暗中交易的行为。此外，对城市规划委员会的职责履行情况需要进行必要的督察。城市规划委员会需要就自己的职责范围，定期向其委托部门人民代表大会及其常务委员会进行述职工作。

参考人大立法的程序，笔者将城市规划委员会的议事程序分为咨询阶段、组织编制阶段、成果审批阶段和立法阶段，以控制性详细规划的组织编制与审批为例，具体程序如图 4 – 14 所示。

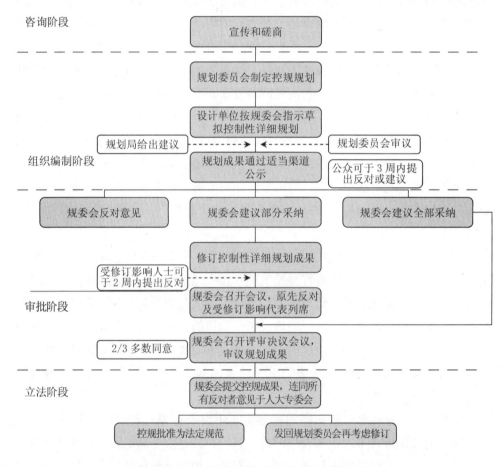

图 4 – 14　规划编制和审批决策的程序示意图

4.5　本章辅证和附录

辅证一：国内外城市规划委员会的类型及特点①

表 4 – 2　国内外城市规划委员会的类型及特点

	深圳 （中国）	武汉 （中国）	厦门 （中国）	上海 （中国）	南京 （中国）	香港 （中国）	纽约 （美国）
机构 性质	法定非常 设非官方 机构	法定非常 设非官方 机构	法定非常 设非官方 机构	法定非常 设官方机 构	非法定 非常设 机构	法定非常设非 官方机构	法定常设非官方 机构
是否有 决策权 （控规 层面）	审批权（终 审权）	审议权	审议权	审议权	无	审议权（其 终审由行政长 官和立法会共 同决定）	审议权（其终审 权在议会）
人员 构成	公务员、 专家、社 会人士	公务员委 员和专家 委员	公务员、 专家、社 会人士 （非公务员 不少于 1/2）	公务员委 员和专家 委员	公务员 为主	政府部门负责 人、官员、专 家、社会人士	市长任命规委会主 席和6名成员，每 自治区各选1名代 表，公众提议1名
主要 功能	决策＋咨 询	审议＋咨 询	审议＋咨 询	协调＋咨 询	咨询 机构	审议＋咨询	立法咨询
决策 方式	2/3以上多 数表决通 过	会议做出 的决议必 须获得与 会委员2/3 以上同意	半数通过 审议，作 为审批和 决策的主 要依据	讨论后主 任决定		1/2以上多数 表决通过	
下属 机构	发展策略 委员会、 法定图则 委员会、 建筑与环 境委员会	常务委员 会、控规– 法定图则 委员会、 专家咨询 委员会	发展委员 会、法定 图则委员 会、建筑 与环境委 员会	专家委员 会（3个）		都会规划小组 委员会和乡郊 及新市镇规划 小组委员会	

---

① 参考郭素君．对深圳市规划委员会身份的认识及评价［C］//中国城市规划委员会．
规划 50 年——2006 中国城市规划年会论文集：城市规划管理．北京：中国建筑工业出版社，
2006：275 – 281.

续表

	深圳 （中国）	武汉 （中国）	厦门 （中国）	上海 （中国）	南京 （中国）	香港 （中国）	纽约 （美国）
工作机构	秘书处	办公室	办公室	办公室		秘书处	
办公机构地址	规划局	规划局	规划局	规划局		规划署	
会期	全体会议每季度1次，各专业委员会会议根据需要不定期召开	全体会议每年2次，常务委员会每月1次，其他专业委员会不定期召开	每季度	不定期		每个月第二个星期五举行	
经费来源	无独立经费		政府拨款	独立经费	无独立经费	独立经费	政府拨款
主要负责人	市长	市长	市长	市长		房屋及规划地政局常任秘书长	
工作机构负责人	规划局长	规划局长	规划局长	规划局长		规划署副署长	
成员数量	29人（14名公务员，15名非公务员）	51人（31名公务员，20名专家）	8名公务员，11名非公务员	约12人（均为行政领导）		40人（33名非官方成员）	约10人（纽约13人）
成员产生	政府任命和聘任	政府任命和聘任	政府任命	政府任命		政府任命和聘任	政府行政长官提名，立法机构批准
任期	5年	5年	5年			1～2年	5年

辅证二：英国地方规划的编制和审批决策过程程序

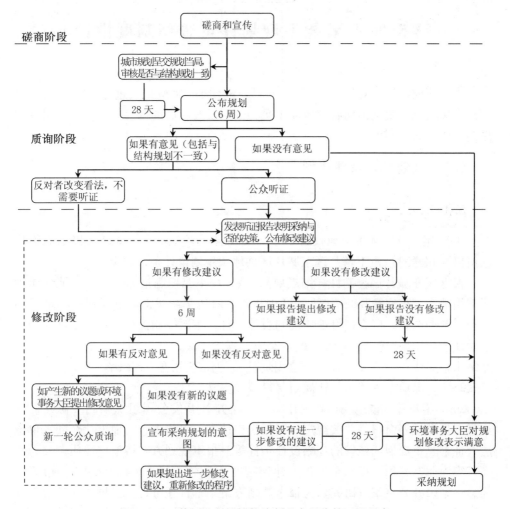

图 4－14　英国地方规划的编制和审批决策过程程序

第5章 | 效能型规划许可管理制度设计

本章研究在笔者对规划许可管理实践中经历的典型案例进行剖析的基础之上，探析案例中表现出的管理效能不足的问题及其背后的制度根源，有针对性地提出效能优化的制度对策。

5.1 规划许可管理典型案例

5.1.1 案例一

2007年5月，某市土地收储中心向市政府办事大厅规划窗口（以下简称规划窗口）报送对该市下辖某区东城片区某地块规划设计条件的申请。

根据《东城片区控制性详细规划》，该地块主要控制指标如下：用地性质为住宅用地、容积率≤2.8、建筑密度≤28%、绿地率≥30%。市规划局用地规划科根据踏勘调查，研究拟订地块规划设计条件，主要控制指标为：用地性质为住宅用地、容积率≤2.5、建筑密度≤25%、绿地率≥35%。随后，用地规划科将此结果报局业务会研究审查；修改用地性质为住宅用地、容积率≤2.2、建筑密度≤25%、绿地率≥35%，转规划窗口核发。

2007年8月，该地块挂牌出让后，受让方X开发公司组织编制了修建性详细规划报送规划窗口，并按规定一同报送申请书、申报表、土地出让合同、单位法人证书、市规划局核发的规划设计条件等。报审规划方案将地块性质调整为住宅兼容商业，容积率提高至3.0、建筑密度达28%、绿地率降至30%。市规划局总规划师办公室审查研究认为报审规划方案基本合理可行，但报局业务会审查不同意。2007年9月经规划窗口退还X开发公司按照核发的规划设计条件修改。

同月，区政府向市政府专文以项目涉及旧城改造回迁为由请示要求支持修改规划设计条件，市政府常务会议研究同意并要求规划局重新研究拟定规划设计条件。随后，X开发公司重新报送原规划方案获批。

11月，该地块向规划窗口申报建设用地规划许可证，并按规定一同报送申请书、申报表、市规划局修改核发的规划设计条件、土地出让协议、单位法人证书、经市规划局批复的修建性详细规划等，市规划局用地规划科审核约一周时间认为可行，报局业务会审查同意，市规划信息网公示一周无异议后，转规划窗口核发建设用地规划许可证。

12月，X开发公司向规划窗口申报建设工程规划许可证，并按规定一同报送申请书、申报表、单位法人证书、市规划局核发的规划设计条件、土地证、经市规划局批复的修建性详细规划、建设用地规划许可证、建筑设计方案、施工图等，市规划局建筑管理科审核一周后，要求修改建筑设计方案；2008 年 1 月，X 开发公司持修改的建筑设计方案、施工图重新报送规划窗口，规划局建筑管理科审核同意后报局业务会；局业务会审核要求修改建筑设计方案后重新报送；2008 年 3 月，X 开发公司持修改完善的建筑设计方案、施工图重新报送规划窗口，规划局业务会审查同意，市规划信息网公示一周无异议后转规划窗口核发建设工程规划许可证。

　　2008 年 5 月，X 开发公司按规划实施小区建设，其北邻 Y 工厂宿舍楼住户提出 X 开发公司建设位置距自己的住宅太近，影响其视线安全，且地下开挖工程可能危及其住宅楼地基安全；X 开发公司认为自己已取得规划部门核发的"一书两证"，不愿停工，Y 工厂宿舍楼住户群体阻止对方施工，双方发生冲突。市规划局接到 Y 工厂反映，通过专门调研踏勘，认为不存在日照及视线安全问题。但双方已有冲突，Y 工厂宿舍楼住户不服市规划局答复，仍不断扰阻施工，X 开发公司无奈下与其协商补偿 20 万元。

　　2008 年 10 月，建筑工程完工，X 开发公司与煤气公司协商煤气管道接入事宜，得知规划确定的气源已超过负荷，不能为其小区服务，只好又投入 500 万元铺设专门线路连接其他气源。

　　小区建成使用后，住户普遍反映小区建筑密度过高、缺少公共绿地和停车位。X 住宅小区与 Y 工厂宿舍楼位置示意图如图 5–1 所示。

图 5–1　X 住宅小区与 Y 工厂宿舍楼位置示意

5.1.2 案例二

2008 年 4 月 18 日，某市政府办事大厅规划窗口受理位于滨河东区某地块申请规划设计条件。该地块控规图则与申请规划设计条件的关系如表 5 - 1 所示。

表 5 - 1　控规图则与申请规划设计条件的关系

03 - 01 地块	控规图则	规划设计条件
用地性质	R21	R21
用地面积	80860	80860
容积率	3.2	3.2
建筑密度	23%	23%
绿地率	35%	35%
建筑限高	90m	90m

4 月 20 日，市规划局用地规划科严格按照市政府批复的滨河东区控制性详细规划（图 5 - 2）确定该地块容积率、建筑密度、绿地率等控制性和引导性指标，以及配套建设内容。

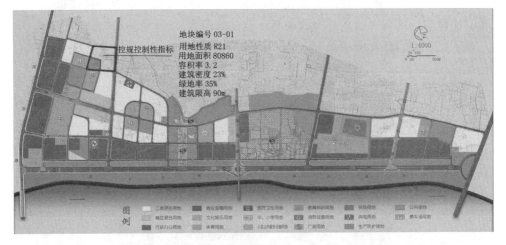

图 5 - 2　滨河东区控制性详细规划关于 03 - 01 地块控制指标的规定

4 月 23 日，报分管局长审查；符合滨河东区控规，同意上局业务会研究。

4 月 25 日，报局业务会审查；符合滨河东区控规，同意办理。

4 月 27 日，根据局业务会纪要分管副局长签字同意。

4 月 29 日，局长签字同意。

5 月 10 日，主管副市长签字同意。

5 月 20 日，市长签字同意。

5 月 21 日，市政府办事大厅规划窗口核发规划设计条件。

5.2 现行规划许可管理失效分析及其制度根源

5.2.1 现行规划许可管理失效分析

结合规划许可管理的实际案例，依照规划管理效能评价的准则，对现行规划许可管理效能的不足之处进行分析，可以发现最突出的问题在于运行层面，表现为三个方面。

第一，规划许可控制指标多次"随意"变更，偏离控制性详细规划和地块开发环境，导致规划实施效果不佳。规划设计条件的各项控制性指标是规划许可管理的核心内容，应该依照控制性详细规划或其他规划决策确定。在案例一的规划许可管理运行中，规划管理人员在遵守《东城片区控制性详细规划》对该地块的控制性指标的基础上，凭借行政自由裁量权，在一定范围内对容积率等主要控制指标做出调整。开发公司要求变更规划设计条件是出于企业逐利的本能，市、区两级政府的支持则可归因于政府更加重视经济利益、城市形象以及社会稳定等能直接体现政绩的价值取向，选择了牺牲代表城市整体和长远利益的城市规划。在这里，规划局手中握有的行政自由裁量权的价值取向有演变为自私裁量或者寻租裁量的趋向。虽然规划局和市政府的行为都是合法的，但由于对指标的变更缺少明确的评估标准和程序，更多依靠的是管理人员自身的经验判断，不能保证科学合理。作为这种情况的后果，案例中规划实施效果不能令人满意，除了空间质量下降、公共活动和服务不尽如人意外，还直接引发地块周边利益关系人的意见。

第二，僵化执行行政许可流程，审批时间过长，效率低下。如案例所述，规划局内部各业务科室按部就班，环环相扣，对申请行政许可的项目进行管理，但对程序的执行过于僵化，一定程度上执行程序已成为管理的目的而非手段。尤其在案例二中，对控制性详细规划已确定规划设计条件，严格按照要约的开发申请项目，僵化和形式主义地历经一个多月近十道环节后才得以没有丝毫调整变更的批复，这不得不说它降低了规划许可管理的效能。

可以说，规划许可管理处在控制要求太活、程序要求太死的本末倒置的困境中。

第三，就规划许可管理而言，"一书两证"分别由总师办、用地科、建管科、景观科几个科室按法定职责，在审批流程中负责固定环节的审查。在同一许可申请的各环节审查中，需要建设单位反复报送待审查材料，各科室需要在短时间内了解该许可审批的全部情况，并做出决策建议，反复耗时而且难免会出现信息的疏漏与误解，并且由于是一种平行关系的分工与合作，没有一个科室需要对审批结果或者时效性差负全责，这不符合"顾客"导向的现代积极行政理念。

5.2.2 现行规划许可管理失效的制度根源

对照上述失效现象，考察影响规划管理效能的制度要素体系，探析造成现行规划决策管理失效的制度根源，对影响规划许可管理效能的制度要素剖析如图5-3所示。

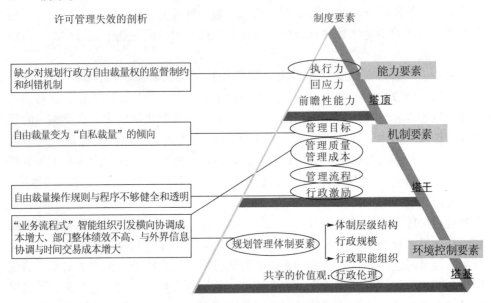

图5-3 影响规划许可管理效能的制度要素剖析

5.2.2.1 规划行政自由裁量权的失控

案例中显现的规划控制指标多变主要源于制度设计上行政自由裁量权①的存在。

依法行政管理的范围非常广泛，这就要求行政机关所拥有的行政权必须适应纷繁复杂、发展变化的各种具体情况。为了使行政机关能够审时度势、权衡轻重，不至于在复杂多变的问题面前束手无策、错过时机，法律法规必须赋予行政机关在规定的原则和范围内行使自由裁量权，从而灵活果断地解决问题，提高行政效率。自由裁量权从本意上是一种提高管理效能的制度安排，现行规划行政许可中的自由裁量依据，主要来自于相关法律法规以及法定规划的弹性规定。

我国规划行政许可管理中自由裁量权较大有多方面原因：政府主导型的观点

———————

① 自由裁量是指实施裁量行为的机关依法律法规的规定，在法定范围、幅度、方式、数量的限度内，依据合理原则自由裁量、决定，灵活果断地解决问题，提高行政效率。

在行政权责确定中占主流地位；由于处在经济社会转型期，不确定性因素过多，立法思想中一直有"宜粗不宜细"的指导思想；规划许可采取的是判例式管理体制，与通则式体制相比，其拥有较大的自由裁量权；作为行政许可依据的技术文件控制性详细规划规定不够完善，覆盖面不全。因此，运用行政自由裁量权调整规划控制指标本身是合法的，也是合乎提高管理效能的要求的。

案例一中暴露的问题关键在于自由裁量权过大，而且其裁定的行政许可后果不佳，没有体现出自由裁量权的制度价值，自由裁量权有失控的趋向。结合实践案例来看，自由裁量失控体现在以下三方面：

首先，在行政伦理和行政目标方面。由于规划部门和规划管理人员在决定容积率、建筑高度、配套公共设施等对土地价值至关重要的指标时有很大的自由裁量权，如果权力行使者改变自由裁量的价值取向，不再出于维护公共利益和提高行政效能的目的，而是出于政府寻租或者个人获利的目的，从而使自由裁量变为"自私裁量"，那么行政自由裁量必然从提高行政效能的制度安排变质为降低效能的祸端，并可能滋生贪污腐败和以权谋私的行为，同时导致强势政府的产生。

其次，在行政流程方面。案例一中，审批人员在控规设定的范围内可以合法自由裁量控制指标的具体数值，如将一块控规设定条件规定容积率为 2.8 的用地在行政许可时确定容积率指标为 2.5，这一在现行制度框架下完全合法的行为直接影响到巨大的权力，但是自由裁量的操作规则与程序不够健全和透明，既不能保障科学管理，也不能充分说服行政相对人和上级领导意识到其严肃性并严格遵守。僵化地执行行政流程也是自由裁量权失控的表现。在这种情况下，规范的程序作为规避不合理的自由裁量以求得管理效能的手段，已经代替管理效能本身成为规划管理者的目标，遵守程序甚至成为管理者变异的寻租。

第三，在行政激励方面。规划管理者在规划审批许可阶段行使的自由裁量权有时会给部分土地使用者造成利益上的损害，甚至做出不合理的决定，却缺乏赔偿的机制①。从本质上看，这种现象大量涌现的根源是行政方与行政相对方地位不对等，缺少对规划行政方自由裁量权的监督制约和纠错机制。目前对行政自由裁量权行使失当的重要的补救措施就是运用行政复议或求助于司法体系，但实践

---

① 如案例一中已审批的"一书两证"，开发商却需重新与煤气公司协商、给近邻经济赔偿等。在实际工作中甚至还有随意降低容积率、地块由于道路穿越造成分割等，审批部门却无须为自己的审批负责（无须对自身行为造成的土地贬值进行赔偿）。

证明二者所起到的作用都有限。①

5.2.2.2 "业务流程式"职能组织模式引发低效与失效

现行城市规划许可管理，实质上是典型的职能型组织结构。按照职能划分为若干个科室，各科室负责在规定范围内行使职能，即分别由用地科、建管科、景观科、总师办等不同的科室按流程程序负责规划许可的审查。某市规划局的组织结构与机构设置如图 5-4 所示。各职能科室之间的关系有三方面：①平行关系。城市规划管理部门之间按照职能进行设置，科室职责明确、编制固定、流程规范，按照有关法律法规和科室职责相对独立行使职权。②工序关系。虽然各科室部门相互独立地完成各自的职能工作，但它们只是规划管理系统流水线上的一个环节，要共同合作去完成和实现规划管理主体的既定目标与任务。③相互制衡关系。虽然表面上看来，规划"一书两证"工作是流水线上的流程工序，但实质上规划管理流程的内在关系却是环环相扣、相互制约的，并形成了相对环路，如果违反此程序就无法向前运行，这就需要较高一层次的协调才可解除相互的制约。

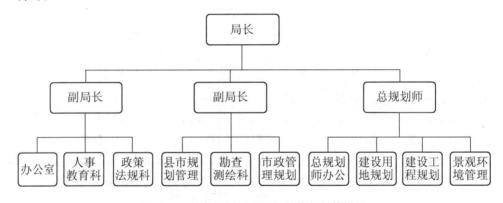

图 5-4 某市规划局的组织结构与机构设置

---

① 就行政复议而言，在规划行政许可中，如果申请人对审批结果不满，可以依法在一定期限内提出复议申请，由上一级规划行政机关组织审理并就"合理性"做出决定。然而，在我国目前的强势政府下，个体处于弱势地位，无论是行政复议还是起诉政府的不当行为，成本都比较高，而且败诉的概率也高。在这种情况下，选择与政府协商而非提起复议申请或起诉成为行政相对方无奈的选择。

就司法体系而言，对于行政机关不正确地行使自由裁量权所导致的法律后果，人民法院有依法撤销、限制履行或变更具体行政行为的权力。但人民法院依法对被诉行政机关具体行政行为进行司法审查的主要内容是具体行政行为的合法性，而不是不适当性。此外，法院对案例的处理是滞后的，往往等裁决出来时，规划行政行为的错误已成为既定事实，造成资源浪费或不可逆转的损失；同时由于城市规划是一个技术性很强的行业，对这样一个行业的案例进行裁决，法院往往要求助于专家、学者，所作出的判决也难免有隔靴搔痒的感觉。

这种结构形式存在明显的制度与组织失效，主要体现在以下三方面：

首先，科室间的横向协调成本较大。一项规划许可决策的做出，需要经过各部门的互动、反馈与协调才能做到，而业务流程式的职能模式任务分属于不同科室，这就使得人员之间的信息沟通与交流渠道不畅通。因此，所涉管理人员之间不得不经常借助每周一次的局务会提供反馈信息，并一起做出共同性的决策，彼此达成协议，这就导致了即使是要约明确开发许可，也要各个环节都上局务会。另外，由于不同职能部门间利益、视野相互隔阂，不同职能科室都从自己的职责角度完成自己的工作，强调自己对审批结果的影响，这会导致各职能部门之间不断发生冲突，组织间的摩擦增加，只有更高一层的管理者才能担当起协调的角色，制度的时间成本、生产成本、交易成本和转换成本均加大。

其次，规划许可管理部门整体绩效不高。权力的分解使得部门整体任务变得模糊，各科室往往会因追求职能目标而看不到整体的最优化，各科室制定的条规、做出的决策都有其充分的依据，但宏观地来看，整个机构的管理功能被分割，工作运转呆滞和低效。而且，没有一个科室对审批结果不尽合理、时效性差、建设单位反复报送、信息传递失误等负全部责任，容易导致部门之间对权力的争先恐后和对责任的推诿扯皮。

第三，从本质上来看，业务流程式职能组织模式程序的制定与权力的划分旨在降低行政系统内部的运行成本，有效控制行政相对方（反复审查），或者是行政主体行为的失效成本。因此，其以职能部门划分工作任务，将同类的专家配置在一个职能部门，旨在职务专门化，各职能部门之间可以相互牵制与监督，避免单一职能部门审批暗箱操作以及寻租、腐败等现象的发生。但是这种模式没有考虑与外界信息协调与时间交易成本，不符合多元行政伦理和服务型行政的目标。

5.3 规划许可管理效能优化的制度对策

参考图 5-3 中对影响规划许可管理效能的制度要素分析，效能型规划许可管理制度的设计着眼于修正或者规避现行规划许可管理制度自由裁量权失控的缺陷，以及"业务流程式"职能组织模式引发的制度与组织低效，从而优化规划许可管理的效能。

5.3.1 自由裁量解制：放权与限权的斟酌

我国正处在经济快速发展与社会全面转型时期，这就要求政府要对复杂多变的城市发展问题做出及时有效的判断和有迅速的"回应性"，以最大限度地满足社会多元利益主体的要求。行政自由裁量权的存在，可以确保政府行为充分发挥能动作用，并弥补动态视角下法律、法规的不足，从这个意义上讲，运用适当的行政自由裁量权，自行判断、选择最为合适的行为方式正是适应了这种行政管理"快速高效"的要求和城市建设动态发展的特点。

但是，"无限自由裁量权是残酷的统治，它比其他人为的统治手段对自由更具破坏性。"[1] 针对自由裁量权失控，最直接的对策就是"限权"，即限制甚或取消自由裁量权的权力空间。在社会转型过程中，由于对计划经济时期"有效的控制是管理成败的关键"思维的延续，城市规划行政容易走入非此即彼的另一个极端。"权限"使得部门管理程序和内部制度大幅增加，发展防止工作人员滥用权力，确保公平、公正的政策以及避免徇私舞弊的体系。其结果是各项制度成为规则的迷宫，而并未带来高效率。从实施的实际情况来看，运用大量的规则、程序以提高效率几乎是不可能的，反而会产生更严重的僵化。

为了适应规划管理工作的实际要求，切实发挥自由裁量的效能，需要在保证遵循基本价值准则的前提下，适当给予管理人员适度的自由裁量空间。在"放权"与"限权"两者之间寻找新的"解制"方式。

基于控制论的解制模式就是解除控制、规定、限制之意[2]。解制方法的本质就是释放组织机构内部蕴藏的能量，以提高组织机构的运转效能，也就是说解除组织机构内部繁文缛节式的限制，使组织机构的活动更具有效率和创造力。解制模式提倡相对独立的组织在一个更具有弹性的环境中运作。解制模式应用于规划许可管理，就是规划管理机构内部取消一些限制和制约，即通过改变组织制度和行政程序方面的规则来适度扩大行政自由裁量空间，使工作更富有效率和创造性，从而促进社会的整体利益充分发挥。组织的决策者主要是做出决策并执行法定的程序，通过组织来开展工作。

应当忧虑的是，规划运行解制模式会带来规划许可管理的自由裁量权扩大，同时也为规划许可权力滥用铺设了温床。因此，解制模式同时指出，自由裁量权运用必须接受来自上级组织机构以及监督、监察机构的直接的而非形式上的检查和督导，这也是解除政府管制理论的核心思想。在接下来的章节中，我们也将继续探讨限制自由裁量权的价值和形式要件（立法完善、程序设置等），以及对自由裁量的后果进行有效监督、评估、约束的手段。

---

① 美国大法官道格拉斯语。

② 城市规划运行的解制观的提出及应用是基于控制论的发展。有关解制模式的基本设想为：组织机构内部取消一些限制和制约，使工作更富有效率和创造性，以促进社会的整体利益充分发挥。曹春华. 转型期城市规划运行机制研究——以重庆市都市区为例 [D]. 重庆：重庆大学. 2005.

美国著名公共管理学者盖伊·彼得斯（B. Guypeters）在《政府未来的治理模式》中也提出了当代西方行政改革及公共管理实践中正在出现的以新公共管理定向的四种治理模式，即市场化政府模式、参与型政府模式、灵活性政府模式、解除规制政府模式。解制型政府的核心思想是减少政府内部规则。

5.3.2 自由裁量控权：实体控权与程序控权的探讨

为优化管理效能，实现"强势政府"向"服务型政府"的转化，笔者选择的"解制"模式是目前过大的规划行政自由裁量权进行必要的"控权"，使其回归到合理的限度内。"控权"的概念来自于行政法学，"控权"与"限权"既有相同之处又有区别。相同之处在于，两者都有对权力的运行进行某种规定，防止权力滥用的意思。不同之处在于，所谓控权，是指法律对行政权力的驾驭和支配作用；限权是指对行政权力进行限制，仅仅是对权力使用范围的规定，只具有量的概念。限制是消极的、静态的，而控制是积极的、动态的。控权不仅仅是对行政权力进行限制，还包括对权力使用目的的规定，具有质和量的双重意义。

控制行政权的方式主要有两种，一是严格规则主义模式，即通过立法授予行政主体行政权力，立法以其详细具体规定来进行事先规制，并尽可能地减小行政自由裁量权的范围。这种实体控权模式的特点：立法机关制定的法律是行政主体所享有的行政权的唯一正统性来源，也是行政权力运行的唯一依据，立法机关立法设定了行政主体的权力范围，但对行政权力如何运行基本不予以关注。二是正当程序模式，即通过现代行政程序规则，对行政权力的运行过程进行监控，通过对行政过程进行全程监督，减少行政主体违法行为的可能性，防患于未然。程序控权模式的特点在于：基于正当法律程序理念，强调行政相对人的参与性，在参与中监督行政主体行政行为的做出，以提高行政行为的可接受性，从而实现对行政权的控制。除此两者外，还有独立的司法审查模式，即法院通过审查行政行为的合法性审查行政权力运行的结果，这是一种通过事后对损害进行救济的方式而进行的事后控制模式，是以司法权制约行政权。

近些年我国许多城市开展了更为详细、更有效力的城市规划管理法规、技术规定的探索，希望对自由裁量权有一个高效的控制。但是可以看到，各城市规划立法存在一个普遍特征：重实体性内容的规范，轻行为程序的约束。随着行为主体趋向多元化，规划管理中需要法律调控的社会关系日趋复杂。这些行为主体之间的价值选择和利益取向互不相同、互有矛盾，并且他们之间的关系趋于不确定性，要求管理社会的权力以灵活多变的态式去适应之，但法律不可能丝丝入微地具体细化权力行使的范围、方式、强度和行使标准。因此，若只从实体性内容的补充完善入手，不断修订法规条文，就可能造成两种后果：一是法律的相对稳定性受到干扰。二是由于立法周期本身的原因，每一项法律从开始制定、审议到通过需要诸多环节，经历漫长的时间。可能法规内容刚调整好，又不适应新的社会关系要求，而陷入僵化局面。实践证明，期望通过详细立法的方式从根本上缩小自由裁量空间不仅成本高，而且做不到。从规划许可管理的实际情况看，繁琐细致的各项制度规则在防止工作人员滥用权力，确保公平、公正，避免徇私舞弊的同时，也会"迫使"管理人员锁死在制度规则上，丧失主观能动性和创造性，无法保障规划管理的效能。也就是说，近代行政法的实体规则控权模式，其作用是比较有限的。

行政法学界研究表明好的法律应是程序控权与实体控权的协调统一，在现阶段，用程序控权来补充实体控权，对行政行为进行过程性的程序控制，其实质就是对自由裁量权力的运行进行控制。以正当程序模式的行政法来弥补严格规则模式行政法之不足，已成为当代行政法的主流。①

相对实体立法而言，加强法规的程序性对限制自由裁量权与增加动态回应性行政能力是非常有利的②。首先，自由裁量须按一定的程序做出，程序通过设置时间与空间方面的外在标准，就抑制了个人或机构主观行为的随机性、随意性。其次，程序的正确性限制政府行为的单方主导性，满足利益相关人的要求，使行政许可具有有序化、公开化、法制化、民主化的特征，为社会公众所认同和接受。针对规划许可管理自由裁量权失控的核心问题，相关部门在不断完善实体立法的基础上用行政程序来规范自由裁量不失为更有效的解决办法。

行政流程作为行政行为的运行载体，是程序控权的关键。只有当行政流程合理、流畅，即在行政系统内，复数以上的人按照一定的步骤、方式、顺序、手续和时限来做出决定的行为过程合理高效，才能确保自由裁量权的合理行使，行政组织才能具有较高的行政效能。从行政流程保证行政效能的视角，需要把握好以下三个方面：

第一，行政流程目标。每一项程序的设定都是为一个或多个行政组织目标服务的，职能部门通常都有行政目标，但大部分关键性流程跨越了职能的界限，而职能部门内效能很高的行政流程，在跨部门运行过程中，并非是最优的。规划管理所牵涉的决不单是职能部门内部。因此，在为规划许可流程设定目标时应当注意："直接与外部系统接触的行政流程目标应该受到组织目标以及其他顾客需求的驱动；而内部行政流程目标应受到内部需求驱动。"③

第二，行政流程的结构化设计应该具有一定的逻辑性，它体现的是实现目标所要经过的路径。首先，要定义规划许可关键的业务流程；确定流程的实施者，明确实施者的权利和义务，避免因流程实施者权属的模糊而产生推诿扯皮、不尽职尽责的现象；与此同时固化流程，即确定流程的起点与终点的界限，自由裁量度的上限与下限。其次，理解并检验行政许可流程。绘制体现规划许可活动的处

---

① 孙笑侠. 法的现象与观念［M］. 北京：群众出版社，1995：185.

② 作为采用自由裁量权限比较大的规划管理体制的城市，伦敦政府严格规范各阶段管理的程序设置，并重视全程监督机制的构建，有效地弱化了判例式许可管理体制自由裁量权较大而引发的低效和失效。

③ 毛昭晖. 中国行政效能监察——理论、模式与方法［M］. 北京：中国人民大学出版社，2006：136.

理时间、循环时间、活动的成本、执行活动各个环节的流程图，实施一次流程跟踪，并应实施对流程成本和循环时间的分析，以协调各流程环节之间的关系。最后，将行政许可流程标准化，这包括对官僚作风的根除，对重复环节的删除与简化，对循环时间的削减，对可能失误的预防。

第三，流程管理和持续改进。如果不对一个有着逻辑结构的行政许可流程进行管理，那么流程本身就会失控。这包括：①对目标的管理。为每一关键步骤建立子目标，这些目标应能推动职能目标的有效实现。②对效能的管理。有规律地获取行政相对人对行政流程产出的反馈信息，并根据目标所设定的范围追踪行政流程的效能，反馈效能信息，识别并更正程序错误，重新设定行政流程目标以反映当前的行政相对人的需求和组织内部的约束条件。③对资源的管理。为流程每个环节提供设备、人员，以及为达到既定目标和实现对整个流程目标贡献度所进行的预算等方面的支持。④对界面的管理。对管理行政流程各步骤之间特别是跨职能部分的空白地带的填补与修正。行政流程一旦确立，是不能随意更改的，但流程本身并非羁束固化，而是具有一定的自由裁量度。对行政流程的持续改进，是实现信息反馈的结果。

本小节强调了加强程序控权的作用和意义，并不是否认完善法规的实体性内容的必要性，如果不以完善的规划实体性内容为基础，再合理的法定程序也不会有效地运行。

5.3.3 自由裁量监管：权利与责任覆盖程度是否完全

从法律对行政控制的角度来看，"规则、制约和惩治，这是构成一项良好制度的三个必备要素，也是良好制度的三个基本特征。"① 规则规定了基本关系，建立了基本秩序，制约机制限制了权力的滥用，这些都有助于将"失误"的可能降至最低程度。同时为震慑、预防、惩治行政许可过程中仍可能存在的滥用自由裁量权（超越法定权限执行与违反法定程序）的行为，仍需采用必要的手段与方式。

我国对违反执行程序、跨越自由裁量权限等失误造成严重后果的责任追究工作正在逐步走向法制化，但是效果却不尽理想。究其原因，其核心问题就是权力和责任的不对称问题始终没有得到解决。所谓责任和权力的"对称"与"不对称"，是指责任和权力相互覆盖的程度是否完全。权责对称就是权力主体履行的责任要与其所拥有的权力相当。一方面，责任主体必须拥有足够能使其履行责任的权力，没有足够的权力，责任主体就无法顺利履行责任，权力无法脱离责任而单独存在，否则，这种权力就是非法的或是不合理的；另一方面，权力的授予必然伴随着责任的规定，行使何种权力就应承担何种相应的责任，权力主体如果拥

① 邓小兵. 自由裁量之"自由"——兼论规划许可的效能优化 ［J］. 城市规划学刊，2010，34（5）：49.

有的权力大于或小于应履行责任所需要的权力，就意味着责任主体的一部分权力在责任之外或责任主体没履行相应的责任，这是对责任的侵犯或逃避。

在现状的规划许可管理中，权力和责任的不对称主要体现为权力大于责任，从激励基层行政执行能动性的角度讲，这种状况有其积极的意义。但是应该清晰地认识到当前规划许可中权力大于责任的严重弊端：不对称的权力使行政人员在执行公共政策的过程中，拥有对模糊约束进行解释的广阔自由空间。尤其在传统官僚体制中，政策制定是政治家的事情，行政官员只负责政策的执行，行政官员只需对政治家负责而不必对社会公众负责。在这种形式化的集权体系中，政府行为在不受价值因素的制约下渗透到社会生活的各个方面，垄断了社会资源的配置权，这种"权责脱离很容易引起公共权力与个人效用的非法交易"①。由此可见，这种权力大于责任的状况，容易形成制度的漏洞，给以权谋私者提供了可乘之机。因此，追究违规责任的总体思路应该以权责对称为目标，增加"违约成本"，尤其是加大规划行政执行失误的主观"违约成本"。

行政法学里的"违约成本"，即个人或团体因违反制度而受到惩罚和所付出的代价，它包括两个方面：一是发现和追究违反制度的概率大小，从积极行政的角度讲，该概率大小与行政监察力度、利益受损行政相对方的维权成本有直接的关系；另一个是违反制度的惩罚措施的严厉程度。城市规划许可管理中存在的违约问题，有行政主体法律意识淡薄、市场经济的利益驱动等原因，也有目前制度安排层面的缺陷，违约往往是"低成本高收益"。加大对行政主体执行管理失误的违约成本，需要从以上两个方面着手弥补，使得行政主体对自己的责任以及工作失误的严重后果高度警觉，加强守约意识。

5.3.4 职能组织模式转变：业务流程式与任务驱动式的比选

业务流程式的职能型组织模式是按照规划行政许可管理的流程程序，由划分了权力范围的几个部门负责完成按工序划定的任务。任务驱动的组织模式是以绩效的获得为取向的、以基本任务驱动为核心的管理组织模式。

相较业务流程式，任务驱动的组织模式管理协调成本较低。组织中的各个部门之间存在三种不同类型的相互依赖关系②。

（1）集合性。即间接影响的波动型相互依赖关系。每个部门之间都对组织整体独立地做出自己的贡献，并从组织整体中获得必要的支持，但在每个部门之间并非保持有直接的相互关系。

（2）序列性。即直接影响的连续型相互依赖关系。各个部门之间保持有直

---

① 杨宇立，薛冰. 市场公共权力与行政管理 [M]. 西安：陕西人民出版社，1998：88.

② 由美国管理学家、组织学家詹姆斯·汤普森（James Thompson）提出。转引自詹姆斯·汤普森的《组织结构协调类型》。

接性的互动关系，并且这种互动关系是按一定的次序进行的。

（3）交叉性。即相互影响的紧密依赖关系。每一个部门的输出成为其他部门的输入，而其他部门的输出，又成为这个部门的输入。对不同类型的相互依赖关系，应当采用不同的协调方式，以有效地降低协调成本并取得良好的协作效果。

组织结构的三种类型如图 5-5 所示，其中集合性关系部门间协调相对简单，管理者可以通过制定标准的规则、工作程序和制度以及通过员工培训和直接监督就可以保证各个部门或员工取得相同的绩效。序列性关系协调相对困难一些，管理者必须弄清楚工作活动之间是怎样连接的，通过制定详细的计划、时间进度表、作业顺序和工作标准以保证工作的协调和顺利进行，会议以及面对面的讨论也是经常采用的协调方式。交叉性关系部门间的横向协调则要经过彼此的调节，经过各部门的互动和反馈才能做到。因为面临大量的不确定性的因素，虽然标准化的计划和程序有一定用处，但它们不能解决由这样复杂的部门间相互作用所带来的所有问题。因此，所有管理人员及专业人员之间必须经常提供反馈信息，以做出共同性的决策，彼此达成协议，在日常工作中，采取的形式就是不断通过各种协调人员、协调小组或协调部门来解决横向间的矛盾和冲突。

相互依存的形式	横向沟通、决策的要求	需要协调的类型	单位位置靠近的优先权
集合性（银行）客户	低度沟通	标准化、规章、程序	低
序列性（装配线）客户	中度沟通	计划、安排、反馈	中
相互性（医院）客户	高度沟通	相互调整、跨部门会议、团队	高

图 5-5　组织结构的三种协调类型

在规划许可审批中同时呈现波动型、连续型与交叉型的三种依赖关系，而以相互依赖性很强的交叉型关系为主。由于相关的职能科室之间不得不经常提供反馈信息，并一起做出共同性的决策，因此，用任务驱动式取代业务流程式的组织形式，即同一项目的"一书两证"由确定的任务小组统一审查许可，大大降低了横向协调的成本。

"绩效获得社会认同的公共部门，其管理模式和方式是以任务驱动为核心的①"。相较业务流程式，任务驱动的公共部门关注于许可审批任务本身、任务的高效完成和规则实施管理的绩效，可以使公共部门和行政人员本身获得具有充足的激励主动，根据各项许可任务的不同而更加灵活地执行，采用其力所能及的最有效的方法去达到目标，并且便于审批失误、时效延误等管理责任的认定，促使管理者更具有责任心，从而可以优化规划许可管理的整体绩效。

从效能优化的许可管理价值目标的实现以及整体制度成本控制来看，构建现代积极行政下的高效能服务型政府，需要实现服务行政模式的转变，任务驱动式的组织模式充分考虑了行政相对方的需求，规避了待开发单位因反复报建而导致的信息失误以及时间耗费，符合现代积极行政的原则。同时，由于任务明确，规划许可审批人员与申请人员有明确的信息沟通与协调渠道，这充分考虑了规划许可管理内部、外部的交易成本，是一种可取的规划许可管理体制模式。

5.4 效能型规划许可管理制度设计

随着行政目的从消极维护转向积极服务，行政重心从权力的行使转向权力的实现，行政主体从一元转向多元，行政手段方式从命令服从转向协商合作，构建符合现代服务行政理念，旨在促成政府行政效能提高的现代积极行政下的控权框架是在规划行政许可制度设计中的核心理念。

5.4.1 充实完善自由裁量的控权依据

完善公共和具有法律效应的规则、通则与规定。城市规划许可管理层面的制度革新，首先是要在规划管理运行过程中加强制度制约和规则设计保障，对权力运行形成有效的规范和制约机制，为规划管理效能优化提供最大的支持。在现代积极控权框架下，完善法制框架应该注意以下两个方面：

5.4.1.1 控权与保权并重，制约性规则与激励性规则并存

"控权"要求对规划行政权力的运行加以控制、规范，使其沿着法治的轨道

---

① 这是奥斯保恩和孟德勒的研究。此外，美国凤凰城规划管理的成功也是一个很好的案例。凤凰城高效运转的管理经验在美国有口皆碑，负责规划建设管理职能的发展服务局只设发展服务中心作为"一站式联合办公窗口"，设"北区""南区"两个部门负责处理相关地区的全部审批工作，不按照专业分工模式，而是采用"任务小组"的模式运行。

运行，不至于侵犯行政相对人的合法权益。随着政府行政由消极走向积极，控权的重心也从"限制行政权力的范围"转向"防止行政机关滥用职权"。"保权"有两方面的要求①：一方面是指保障行政权力效能，即保障规划行政权力的行使，尽可能地发挥规划行政权积极、能动的服务作用；另一方面则是指保障公民权利，在这个层面上，控权是手段，保权则是控权所要达到的目标②。

与控权和保权理念相对应，规划行政法制框架必须建立起制约与激励的两重机制：一重是制约性规则，调整和规范积极行政权的运行，防止其走向极端而异化为侵害公民权利的工具；另一重是激励性规则，激励积极行政权作用的发挥，充分利用行政合同、行政指导、行政奖励、行政给付等行政行为方式增进社会福利，增进公民权益，实现规划行政法制的服务功能。在现代积极行政下，行政主体与行政相对人之间开始展现出合作与沟通的局面，双方的利益和行为在某种程度上具有一致性和统一性。在这种条件下，激励性规则就是为了促进行政主体积极、主动地寻求实现现代行政服务的最佳行为方式。

5.4.1.2　合法与合理并重——从合法性标准扩充到合理性标准

传统的行政法治要求对行政权的运行进行"合法性"控制，行政活动必须严格遵守法律规定，在法律范围内活动，即传统的行政法制框架以合法性标准为主体。然而，仅以这种僵化的标准已难以适应当前积极行政形势下规划行政自由裁量权正常合理运行的要求。

"合理性"的标准不仅要求行政行为在形式上符合实在法的要求，而且要符合行政的目的。以"合理性"标准作为控制现代积极行政的规划法制框架的扩充和延伸，有以下两点理由：第一，现代积极行政下的行政合同、行政指导、行政奖励、行政给付等诸多非强制性行为方式是在没有明确法律规范依据的前提下进行的，"合法性"的控制标准显然难以在现有的条件下为控制这些行政行为的开展提供一套现成、明确、有效的可控性法律标准。在此条件下，除了加快对现代积极行政下这一类行政行为方式的立法提供一整套完备的法律控制体系外，更重要的还是要破除仅以"合法性"为控制标准的观念，吸纳行政行为"合理性"标准，以理性的杠杆引导现代积极行政沿着规划行政目标前进。第二，"合理性"标准以"公平""平等""正义"等理念为主要内容，这些理念突显着现代行政的价值，尤其是与各种非强制性手段所追求的精神理念相契合。契约、指导、奖励、给付等行为方式，重视相对人的行政参与，以相对人的接受与支持作为行政行为的约束因素，为相对人得以在行政活动中展现自己的意志提供了平等的机会。

---

① 刘晓. 现代积极行政的控权研究 [D]. 北京：中国政法大学，2007.
② 虽然一直以来控权的最终目标都是保障公民权利，但是这种"保障"是经历了一个由以消极地不干涉发展到以积极地提供公共服务来维护和促进公民权益的过程的。

作为管理实践，调控利益主体行为工具的城市规划法制框架，如图 5 - 6 所示，应该包括羁束式、指南式、控制式和激励式四个方面。

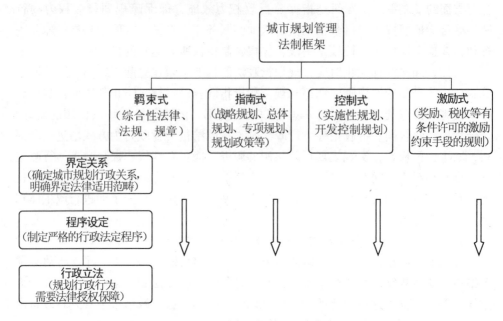

图 5 - 6　城市规划管理法制框架

第一，羁束式。即我们通常所指的城市规划法规体系，以《城乡规划法》为核心的城市规划法律、法规，包括城市规划编制办法、实施管理办法、监督检查办法等；相关的专业法律、规章规定；一般行政法规（城市规划作为政府行政管理工作所遵循的法律、法规，包括行政许可、行政程序、行政救济等几个层面）。这是规划行政许可不可逾越的法律界限。

第二，指南式。审批通过的战略规划、总体规划、专项规划、城市规划政策中对一些重大问题的规定，这些规划的成果对城市发展的重大结构问题具有预见性，可以确保城市规划实施能够充分地贯彻政府意图。它是对城市规划许可管理具有重要引导性的规则制度。

第三，控制式。审批通过的实施性规划（控制性详细规划等）和具体的开发控制规划，以及地区普遍适用的技术规定和规范等。它是规划行政许可审批的直接法定依据。

第四，激励式。制定利用奖励、税收或收费等其他手段的吸引力或者有条件许可的附加限制条件，这些激励手段与辅助政策是规划法制体系框架的重要补充，是间接影响"环境使用者"土地利用和空间行为的通则与规定；是规范、限定、引导行政自由裁量的规则和制度。

作为涉及规划行政行为的城市规划法制框架，需要完善以下三个层次：

首先，界定关系。从确定城市规划行政关系、明确界定法律适用范畴这两个层次展开。即确定城市规划的行政关系，规范政府行政行为，建立城市空间资源的分配规则，建立有关保障城市规划公众权利的规定，明确对违规建设的法律责任。

其次，程序设定。即所有的实体规范、制度都需要制定完善的程序来保证实施和落实。

再次，行政立法。需要遵循法定程序对指南式、控制式、激励式的规定也进行行政立法，使得规划行政行为成为法律授权、依法管理的行为。

5.4.2　构建现代积极行政下的自由裁量控权程序

5.4.2.1　注重行政双方的"交涉性"与"反思性"

在我国传统的行政观念中，行政主体更关注自身的程序权力，而较少关注公正和民主的要求，忽视对相对人程序权利的保护。同时，由于行政机关从自身利益出发，在程序立法方面，他们不大可能通过立法来限制自身的权力。

本书构建的在现代积极行政下的程序控权除遵循行政流程设计的步骤、原则、持续改进与管理，与传统消极行政下的程序规制只从行政主体角度着眼，只注重如何规范行政权力的行使过程不同，它更加强调行政相对人的积极参与，强调行政主体与相对人之间关系的"交涉性"与"反思性"[1]（相对于实体法律，程序法律更注重过程中听取相对人意见的"交涉性"来实现控权目的），即从行政主体和行政相对人交互关系的角度，而不单是从行政主体的角度构建行政程序的内容。现代积极行政程序控权要求赋予行政相对人以更多程序上的权利，并设定行政主体在程序上相应的义务，通过程序建立起双方之间平等式沟通的平台，这就是要建立起"行政参与"[2]，即受行政权力运作结果影响的人有权参与行政权力的运作，并对行政决定的形成发挥有效作用的行政程序法律制度。

5.4.2.2　控权程序的合理构造

程序的构成在法学上具有明确的规定性，一般包括时间要求和空间要求两项基本要素，即法定的时间要求和法定的空间方式要求。法定时间要素有两层含义：时序和时限。时序是法律行为的先后顺序，时限是法律行为所占用的时间长

---

① 季卫东．法律程序的意义［J］．中国社会科学，1993（1）：83 – 103.

② 事实上，目前体现"行政参与"的各种行政程序制度，诸如听证制度、说明理由制度、信息公开制度、协商制度等已经越来越受到《行政法》的重视，体现出在现代积极行政下，行政相对人的民主参与在行政程序中的地位也越来越高，但是目前对这些制度的研究和论述绝大部分是分散在从行政主体角度出发而设定的行政程序基本制度中的，鲜有从行政相对人的角度对行政参与的程序给予制度层面的系统论述和构建。

短。法定空间方式要求也包括两方面：一是各行为主体之间的关系，谁是确定的、主要的主体，谁是相关的行为主体；二是行为的方式，是公开形式，还是秘密形式。

程序的构造是指程序内部各方面要件以正义价值为目标，形成制衡机制的有机组合。程序构造的关键是程序中各个主体的权利义务配置以及这些权利义务之间的相互关系。由此，程序的一般构造是由有利害关系的、相互对峙的双方与居中裁决的裁判者构成的"等腰三角形"结构。要实现这一构造，规划许可管理程序必须满足以下几个基本设计要求：

首先，程序主体必须分化独立。这是程序构造的首要前提。程序主体分化独立，方能在主体间形成相互依存、相互制约的制衡机制，这样才赋予了程序启动和推进的动力。

其次，仲裁者地位中立。中立性原则是现代程序的基本准则，是程序正义得以实现的关键构件。这一原则要求仲裁者必须严守中立、不偏不倚，严格遵守规则，客观、公正、平等地对待当事人。

再次，当事人地位平等。这里的平等是指程序参与者在程序中的权利义务平等，反对有任何特权存在于程序之中。只有保证程序中当事人各方的平等地位，才能保证程序角色的真正独立，才能够在程序中展开对立和竞争，形成所谓的对峙制约。

以上三点要求，实质上是程序静态构建的要求。程序是一个动态的价值实现过程。为此，在程序构造中还必须坚持这样几个原则：一是公开性原则，让民众亲眼看见程序正义实现的过程。二是抗辩性原则，为程序主体提供充分抗辩的机会。三是既定效力原则，程序结果一经产出，就被赋予既定的效力。

5.4.3　创新监督与纠错机制：维权与追责

5.4.3.1　降低行政相对方的维权成本，提高维权效率——行政上诉制度

对过度的自由裁量权可能造成的负面影响的预防和弥补措施包括：①政治上，地方层面的选举；②政策上，地方和国家经过反复比较确定的政策；③司法上，可以对政府的行为进行上诉。尤其是地方公众听证会是对地方政策、决定等进行讨论的最重要方式。（Philip Booth，1996①）

规划许可审批被政府规划部门驳回后，申请人除了向地方法院提出申诉外，还应有一种高效能、简易的法律程序。即向"规划上诉委员会"提出申请。规划上诉委员会（下文简称为上委会）与城市规划委员会应相对独立，且城市规划委员会的成员不能同时作为规划上诉委员会的成员，以示公正和独立。上委会

---

① BOOTH P. Controlling Development：Certainty and Discretion in Europe，the USA and HongKong ［M］. London：UCL Press，1996.

的主席应该由一名法律界人士担任，由上级委派的规划督察员兼任主任委员。上委会职能包括审理和裁定对规划编制审批、规划许可审批和对违例发展提出的上诉。上委会的结构如图 5-7 所示。

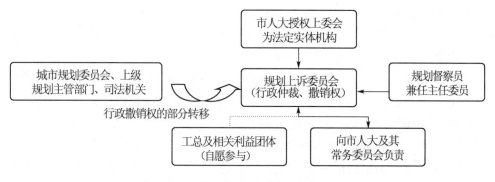

图 5-7 城市规划上诉委员会

行政上诉基本规程如下：第一，在规划申请被否决或规划许可有附加条件的情况下，如开发商不服，可以在规定时间内提出申诉。第二，上委会根据上诉意见，先进行调解，即要求规划部门予以复议，以非正式的方式与提出意见各方进行沟通，以期解决分歧，若无效则举行上诉仲裁会（公众听证）。第三，上委会由主任委员主持，当事双方都有律师作为代表，并请专业人员提供证词，同时可由当事双方邀请的、上委会公开邀请的以及自愿参加的公众参与听证，出席听众有知情权、质询权、媒体报道权和发表意见的权利。第四，根据双方（反对者和地方规划部门）陈述的证词和提供的证据，上委会按仲裁规程进行仲裁。上委会的第二轮仲裁为最终仲裁，对做出的仲裁决定当事双方均应严格执行。如所有意见得到妥善处理，城市规划意见即可发出告示，并在若干天后正式按程序报批和实施规划；如有人再有异议，只能向法院起诉。

5.4.3.2 加大自由裁量的违约成本：责权一致制度

责权一致制度即"权力—行为—责任"相统一制度，行政行为应该与权力范围相对应，每一种行政行为均与责任相连，行政主体必须对自己的行政行为承担责任，行政活动应当处于责任状态，行政行为一旦超出合法权力边界和违反法律程序时必须予以处罚。

建立完善的责权一致制度，包括两个方面：一是建立行政许可责任追究制度，规范工作人员在实施行政许可管理过程中正确行使权力，保证严格依法行政，减少和避免行政过错，确保政令畅通。二是建立行政过错责任追究制度。加强对工作人员在行政审批和执法活动中，由于故意或者过失，违反法律、法规和规章，以致影响行政秩序和工作效率，做出错误的具体行政行为的责任追究力度，促进依法行政，提高行政效能，保证城市规划法律、法规和规章制度的正确实施。

对于旨在效能优化的规划许可管理而言，需要从以下六个方面改进：

（1）完善规划行政许可管理违法的覆盖范围。除违反自由裁量权的权限、违反法律、法规、规章和其他规范性文件实体内容外（实体违法），违反法律、法规、规章、其他规范性文件以及规划许可程序规定的方式、形式、手续、步骤、时限都是违法（程序违法）。

（2）确立多种形式的违法违约后果。依据引起城市规划法律责任的行为性质，确立刑事责任、民事责任、行政责任、道义责任和国家赔偿责任，还应明确"单位""责任人员""责任领导"和"所在单位或者上级主管机关"含义，避免在有解释空间的基础上，对规划许可程序违法的刑事后果、民事后果、行政后果、道义后果、国家赔偿后果（包括承担这些责任的方式，如行政处分、行政赔偿、引咎辞职、公开致歉等）做出明确规定。

（3）根据程序违法的情节轻重和程序违法对相对人权利影响的程度确定不同的法律后果。行政公开、回避、通知、听证、行政决定必须说明的理由、行政决定必须载明的内容等程序制度是相对人的基本权利，如果违反了这些程序而造成对相对人权利的损害，不仅应撤销具体行政行为，并且应追究责任者的行政责任。

（4）除了现行的违反司法强制性程序需要承担法律后果外，违反自主性程序，即法律赋予行政机关程序上的自由裁量权的程序，也要承担法律责任和行政责任。

（5）除了考虑外部程序违规的惩罚外，还应考虑内部程序违规。从规划许可的审批过程看，现行情况下内部程序的违法（比如审批科室不经过部门协商咨询或者公众调查就直接将规划申请提交给规划局长待审）由于不直接涉及相对人的利益，一般不予以行政追究，这种情况往往导致人为的行政低效，却无须规划局内部任何部门承担责任。即使在行政许可未做出的情况下，这类内部程序违法造成的许可管理失效仍然应该追究直接责任者的行政责任。

（6）每个规划申请审批工作都有完善的项目档案自始至终地跟踪、记录，从申请人递交规划申请开始，不管申请是被接受还是被拒绝，都要记录下行政人员的处理理由和细节，以备将来供公众查阅和上级监督检查，也可以作为应诉的备查材料。

5.4.4 落实"任务驱动型"职能组织模式

"任务驱动型"组织模式，即不按照专业分工模式，而采用任务小组的管理运行方式，由固定科室按照属地式原则，负责固定区域的各项许可审批。办事大厅受理申请人规划许可申请后，通过分类、内部流转至归属科室，由该科室全程跟踪办理全部程序，在规定的时间内为申请人提供高效、全面、综合的服务，并通过受理室向申办人反馈办理结果，承办科室对申请审批结果负全部责任。如果申办人对审批结果不满意或者有争议，由承办任务科室给予迅速回应。这种模式转变了行政许可审批政务运作的方式，提高了工作效率，加上权力的相对集中与责任的明确化，杜绝了推诿扯皮的可能，实现了权责对称。

在职能组织方面，以绩效优化和积极行政为目标，以高效完成规划许可审批任务为驱动，整合科室职能（用地科、建管科、市政科、景观科的职能整合）、整合办事程序、整合行政审批事项。笔者考虑基层行政管理的组织原则，某市城市规划委员会规划项目许可审查的全过程按属地原则由其下辖某两个区的两个部门完成，每个部门再按照街道、社区层级细分管理任务，实现基本任务和管理组织的无缝隙化，节省用于沟通、协调的交易费用。每个部门拥有相对集中的行政许可权：规划选址许可权、用地管理许可权、建设工程管理许可权，统一处理属地内的规划许可申请。

在具体的运作规则方面，参考"一站式"办公的模式①，在行政部门运作中遵循精简、效能原则，在涉及行政相对人的事务上，重视现代积极行政下的"顾客"导向和"服务"导向，简化烦琐的申报过程，完善办事流程。虽然许可审批权限在规划行政管理部门，但是要考虑到多元化的行政伦理下社会共同治理的大背景，属地科室在审批过程中，要与申办人以及所涉相关利益人、其他相关部门进行充分沟通，重视决策透明度和公众参与度。实行"五制"管理机制：①限时办结制。凡属于部门职权范围内的各类审批事项，在规定时限内办结，完成受理、审核、回复的全部环节，超时即视为默许相对人申请。②失职追究制。由于责任心不强、工作失误而导致许可审批结果不当，需要追究归属科室承办人及其主管领导的责任。③回应反馈制。对申报人的举报、争议和提出的意见，给予迅速回应与处理，并将处理结果反馈给利益相关人。④否定报备制。归属科室对申报审批事项不符合相关规定、不能办理的要登记在案，及时存档，杜绝渎职和推诿事件的发生，避免事后可能发生的激烈博弈、行政上诉等管理流程延长的现象。⑤公众评议制。每项许可审批完成后，申请人和利益相关人都可以通过网络对归属任务科室的审批过程进行监督和评议，此项评议作为核定任务小组工作效能的重要考核标准。

---

① "一站式"服务模式最早出现在商务活动中，指企业一次性为客户提供完整的服务。英国撒切尔夫人执政时期，为改变传统官僚制带来的机构规模膨胀、人浮于事、效率低下、部门利益倾向严重等弊端，将这一概念引入政府改革中，并产生了政府部门"一站式"办公的概念。其实质就是服务的集成、组合，根据精简、效能的原则相对集中行政许可权，它既可以是服务流程的组合，也可以是服务内容的组合，是近年来深化行政审批制度改革的一个普遍做法，本研究主要指各任务小组对所服务区域服务内容的整合。

5.4.5 效能型规划许可管理范式

效能型城市规划许可管理程序范式设计如图 5-8 所示。

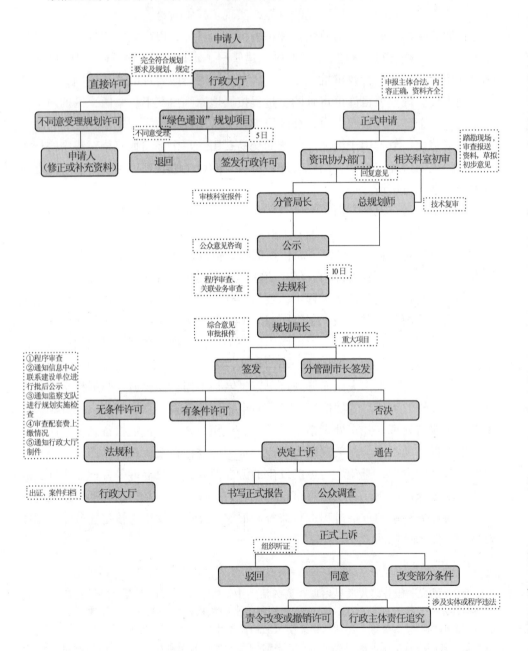

图 5-8 效能型城市规划许可管理程序范式设计

5.5 本章辅证和附录

5.5.1 伦敦建设项目申请审批程序

伦敦建设项目申请审批程序图如图5-9所示。

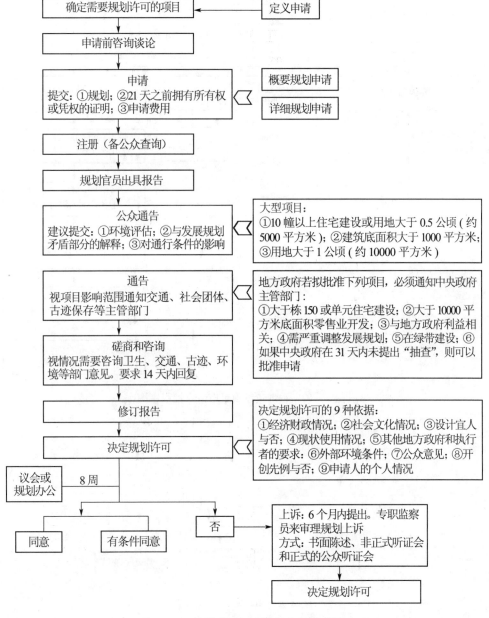

图5-9 伦敦建设项目申请审批程序图

5.5.2 香港建设项目申请审批程序

香港建设项目申请审批程序图如图 5 – 10 所示。

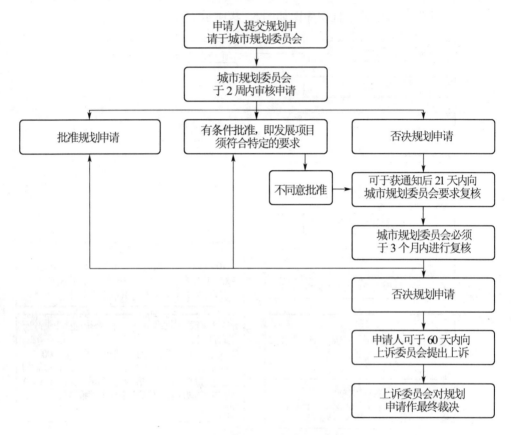

图 5 – 10 香港建设项目申请审批程序图

第6章 | 效能型规划实施管理制度设计

本章研究在笔者对规划实施管理实践中经历的典型案例进行剖析的基础之上，探析案例中表现出的管理效能不足的问题及其背后的制度根源，有针对性地提出效能优化的制度对策。

6.1 规划实施管理典型案例

6.1.1 案例一

某市西赵村位于城市总体规划确定的建成区内，土地已被政府全部征用。由于该村毗邻某师范大学附中，大量外来务工人员为子女就近上学而在此居住，失地村民近年来普遍未经规划许可，在宅基地上进行了拆旧改建，将加建二层、三层建筑出租获利。由于违法建设夹杂于村落中，体量较小，从开工到建成仅需几天时间，规划监督执法人员往往不易发现，或发现时已经建成。西赵村区位图及西赵村的违法建设，如图6-1和图6-2所示。

图6-1 西赵村区位图

图6-2 西赵村的违法建设

针对规划监督执法人员的教育和责令停工改正等职务行为，村民们多有抵触情绪，甚至是敌对情绪，这使得正常的执法工作难以开展。而村委会在自己村民房屋建设的管理上不愿意协助规划部门，在规划执法工作中多次造成冲突，有时出现暴力抗法。市规划局将此情况通报区、镇两级政府，区镇政府回应查处违法建设是规划部门的职能，自己无权介入。此后一年时间里，该村陆续建成违法建筑30余处，上万平方米。市规划局对违法建筑下达拆除的行政处罚决定，至今未能实施。

6.1.2 案例二

2006年5月12日，某市某区级国家机关在无任何土地和规划手续的情况下，开始在其五一东路审判大楼北侧打桩建设住宅楼，市规划局监察执法人员发现后依法对其下达停工、责改通知书，并派驻执法人员进驻工地、采取强制停工等措施。

2006年7月，某房地产开发公司取得该地块使用权①，并报规划局审核同意后，于2007年2月9日办理了在该地块上建三幢住宅楼的《建设工程规划许可证》。其中，1号楼、3号楼为8层，2号楼为7层。其通过审核的规划总平面图如图6-3所示。

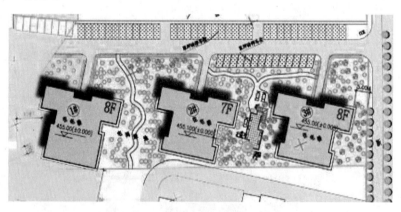

图6-3　通过审核的规划总平面图

2007年4月11日，规划执法人员检查发现该工地2号住宅楼越证超建，随

---

① 相关政府文件规定："党政机关、全额事业单位不得新购土地组织集资建设住宅，搞变相实物分配……""党政机关、全额事业单位因特殊情况需要利用自用土地集资建设住宅的，必须在符合城市规划和土地利用规划的前提下，报请同意建设和计划行政主管部门批准后，由开发商依照国家有关法律、法规进行建设"。

即要求其停工，并多次对其采取了扣押施工机具等强制措施，并实施 24 小时监控。但对方置若罔闻，全然不顾规划执法人员的多次劝阻和要求，暴力抗阻，继续违法建设行为。对此，该市市规划局多次约谈该机关有关负责人，要求其支持城市规划工作，但收效甚微。市规划局随后向市人大、市政府、区委、区人大、区政法委专函就此违法建设情况和该机关不予配合的情况进行了书面汇报、通报，希望能引起注视，共同制止违法建设行为，均未得到回复。

截至 2007 年 12 月，1 号、2 号、3 号住宅楼主体基本完工，均建至 22 层，其建成后的效果图如图 6-4 所示。2008 年 4 月 15 日，市规划局监察业务会议研究决定，对该违法建设做出"没收 1 号楼 8 层以上，2 号楼 7 层以上，3 号楼 8 层以上违法建筑物"的决定，并于 16 日，对其下达了《陈述、申辩权告知书》和《行政处罚决定书》。由于缺少明确的实施机制和职能主体，该处罚决定至今无法实施。

图 6-4　住宅楼违法建成后的效果图

6.1.3　案例三

位于某市平阳南街西侧的某综合楼于 2005 年 3 月 25 日经市规划主管部门审批取得《建设工程规划许可证》，但在建设中违反建设工程规划许可证内容进行建设，存在以下违法事实：擅自超建二层，未按规定退界，共计超建 8474.8 平方米。

此违法建设经规划部门立案查处后，对该综合楼主要当事人下达了"限期自行拆除与规划审批内容不符部分"的行政处罚决定，在规定限期内，当事人未能履行行政处罚决定。

随后规划部门申请该违法建设所在的该市某区人民法院强制执行。区人民法院在接到市规划主管部门《强制执行申请书》后，组织合议庭对本案进行了听证，以不造成社会物质财富浪费为由，不准予强制执行行政处罚决定书。市规划主管部门虽然认为区人民法院做出不准予执行《行政处罚决定书》的裁定与最高人民法院关于执行《中华人民共和国行政诉讼法》若干问题的解释第九十五条规定对照，有明显不妥之处，但行政裁定一经下达就具有法律效力。

之后，该案所涉及的综合楼的四邻、协议回迁户多次找到市信访局和规划局进行反映，从各自利益角度要求拆除或保留该违法建设，质疑政府处罚决定的正当性。市信访局以"信访事项交办函"告知市规划主管部门："请你局从有利于城市建设的大局和维护拆迁户的合法权益考虑，尽快予以处理。现法院已做出不准予执行拆除违规部分的裁定，建议依据有关法律、法规、规定，尽快采取其他处罚方式……"。

在此情况下，市规划主管部门要求建设单位对超建建筑提供市公安消防支队《建筑工程消防设计审核意见书》、建筑设计单位意见、经公证后与四邻达成一致意见的协议书，并对其违法建设行为按照违法建设成本的10%计算拟做出"罚款158万元"的行政处罚决定，建设单位对此提出申辩认为自身已经按照要求采取积极措施改正并对四邻给予经济补偿要求从轻处罚，市规划局最终按照违法建设成本的8%计算做出了"罚款126.4万元"的行政处罚决定。

6.2 现行规划实施管理失效分析及其制度根源

6.2.1 现行规划实施管理失效分析

结合规划实施管理的实际案例，依照规划管理效能评价的准则，对现行规划实施管理效能的不足之处进行分析，可以发现最突出的问题在于运行层面，表现为不能及时发现和监控违法建设并予以适当惩处，从而无法有效遏制违法建设活动。

案例一中村民快速隐蔽地建成大量违法建设，暴露出规划实施管理缺少了解基层一手信息的渠道，无法及时有效地发现违法建设活动。

几个案例中对违法建设进行监控都无一例外失败。案例一中规划监察执法人员要求村民停工整改遭到村民无视甚至暴力抗拒。案例二中某国家机关也对规划部门的停工责改的要求置若罔闻。规划管理部门采取的扣押施工机具、与相关负责人约谈、向各级党委、政府、人大反映等手段都未能有效阻止违法建设甚至遭遇暴力抗拒，违法建设在屡次制止中继续进行直到完工。由于不能及时发现违法建设活动，发现后又无法有效监控，很多情况下由于经济社会或者技术的原因，违法建设已无法改正，规划实施管理更多地陷入被动的事后追惩，工作处于十分被动的局面。

更加被动的是，即使是事后追惩也往往落空。无论是拆除，还是没收，规划管理部门下达的违法建设处罚决定在几个案例中都未得到执行。在案例三中，规划管理部门在做出拆除违法建设的处罚决定被法院否决后，在各方压力下不得不被迫更改为罚款，罚款额度最终也有减少。

以上规划实施管理各环节效能不足累积造成的后果就是违法建设活动失控，尤其是国家机关违法建设和城中村群体违法建设等典型案例起到的负面示范效应引发该市违法建设泛滥。

6.2.2 现行规划实施管理失效的制度根源

对照上述失效现象，考察影响规划管理效能的制度要素体系，探析造成现行规划实施管理失效的制度根源。影响规划实施管理效能的制度要素剖析，如图 6－5所示。

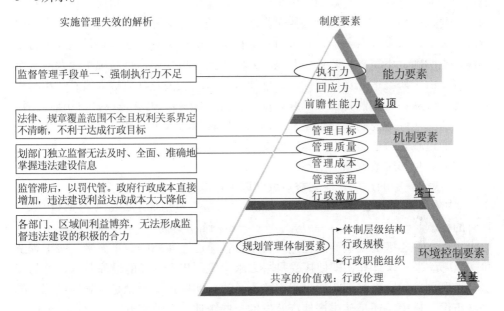

图 6－5 影响规划实施管理效能的制度要素剖析

6.2.2.1 法律和行政规章覆盖范围不充分

由于法律和行政规章覆盖范围不充分，从而导致权利关系界定不清晰，提高了行政成本，不利于充分发挥执行力和实现行政目标。

1. 相应的比较完备的法律和行政规章制度是规划实施管理的重要依据

高效查处违法建设要求法律对规划行政主管机构的监督职责、权限、程序做出明确的规定，规划行政主管机构则必须按照法律的规定，在查处的程序、步骤、环节上恪守法律。目前主干法《中华人民共和国城乡规划法》只是笼统地规定了规划公众监督、层级监督、责任追究的基本原则，基本都是定性的，内容弹性相当大。例如，在涉及规定行政处罚的条款中，"视其执行情况处以罚款"

"尚可采取改正措施的"等用语概念模糊不清，对同一违法建设既可以处以罚款，也可以拆除或没收；既可以处罚 5%，也可以处罚 10%；既可以把整个建筑视为违法建设，也可以只计算超出许可的部分面积。而现有行政法规和实施机制也未对监督范围、监督内容、监督程序以及监督结果的运用等做出详细规定，缺乏具体实施监督和监督责任的程序性和实体性内容，缺乏应有的刚性和可操作性。另外，城市规划实施管理中有些问题，类似暴力抗法、邻里纠纷等已经超越了《行政法》调节的范畴，应该由《中华人民共和国刑法》（后文简称为《刑法》）和《中华人民共和国民法通则》（后文简称为《民法》）来调节。以上制度缺陷造成规划实施管理在一定程度上无据可依和无力可借。这同时意味着规划行政主管部门及其工作人员在法律允许的范围内，在处罚内容和尺度上自由选择的空间很大，存在着个别规划实施执法人员与违法建设方私下达成协议、以权谋私、收受好处的机会。而现有法律对行政机关的权力义务规定不对等，往往规定行政机关的权力多、义务少，并且对行政机关不履行义务的法律责任也规定得不具体、不明确、不完善；政务公开流于形式，公众对权力运行情况不能及时、全面了解。由于缺乏追究责任的标准，即使发现行政机关及其执法人员有寻租与失职行为，公众对其的监督也难以起到应有的监督效果。也就是说，由于监管者、公众、违法建设者控制的信息是不对称的，监督执法人员容易低风险地从中寻租牟利，通过减轻对违法建设的处罚收受利益，使规划实施管理的效能大大降低，致使权力异化和腐败现象层出不穷。

2. 法律规定的违法建设利益达成的成本过低

《中华人民共和国城乡规划法》规定："违法建筑房屋的，处工程造价 5%～10% 的罚款。"以当下出售商品房为例，某市商品房均价已经在 3000 元/平方米以上，而在中心区的某些商品住宅项目单价甚至已达 4000 元/平方米，按工程造价 1800 元/平方米计算，即使接受每平方米建筑面积 180 元的最高罚款，这与违法建设所创造的巨额利润相比也显得微不足道。实际上，无论是实施违法建设的一些市民、村民，还是从事房地产开发的一些企业，普遍在开工建设前，就已经对违法建设事实所带来的后果、所受惩处及可获取的利益进行了比较，甚至在受惩处的承受力上也做了准备，有的在实施开发建设前，就已经开始酝酿如何超规划审批实施违法超建，从而达到牟取非法利益的目的。对违法建设的处罚过轻，即违法成本过低，违法者便无所顾忌，任意妄为，而且极具扩散性，迅速为其他社会成员所效仿，引发很多本不会发生的违法行为。更甚至由于缺乏有效的监督检查机制，很多情况下通过"运作"仅处以最低额度的罚款，这样开发商就可以"合理合法"地增加巨额利润。长此以往，等于变相鼓励保留违法建设，对违法建设的处罚力度远少于违法建设所获得的好处，这不仅没有震慑力，甚至客观上还起到了鼓励违规活动的作用。

6.2.2.2 规划部门独立监督的体制行政成本高，行政质量得不到保障

（1）专业部门监督无法及时、全面、准确地掌握违法建设信息。

在城市快速发展的今天，建设工程众多而规划部门监察人员数量有限，以少对多，掌握每个建设项目的完全信息是极其困难的。而且近年来城市建设热潮迭起，建设项目数量高速增长，新技术、新材料的应用使得建设工程完成速度日益加快，单一的查处机关由于人力、物力的局限，很难对每一块土地、每一座建筑进行及时核查。这种管理状况，不能在第一时间发现违法建设的苗头，将违法建设在其初期就予以整治，使得很多原本可以"控违"的演变成"拆违"，增大了整治违法建筑的难度。况且，隐蔽性建设违法情况频发，没有建设工程规划许可证的当然是违法建设①，但还有许多是具有合法手续，而其使用性质不符合规定，或者出现超面积、超高度、改间距等问题的建设，都属于违法建设，这种未经许可改变批准图纸、文件的违法建设行为在建设完成、竣工验收之前很难被发现。

（2）由于各部门、区域间利益博弈，无法形成监督违法建设的积极的合力。

首先，条块利益纷争，规划部门与属地政府之间的博弈削弱了有限的监管力度。在经济社会利益的直接驱使下，对违法建设的查处往往不仅是规划主管部门和开发建设单位之间的博弈，也可能是规划主管部门和有着各自独立利益的各级行政部门之间形成的博弈。现实的情况是，从全局利益出发的市规划局和存在片区化利益倾向的区、街道办事处、乡镇村，因代表的利益有差异，目标也就不统一，必然产生博弈，无法形成积极的合力。某些地方组织为了实现自己的利益诉求，有时会包庇甚至变相鼓励违法建设行为。其次，规划行政主管部门与其他行政部门之间存在监管交叉与空白地带。在我国目前体制下，国土局、建设部、市容市政等各行政主管部门都设有与其职能相关的、相对独立的、对开发活动的监督执法系统。在具体运行过程中，各监督系统因职能交叉，职责、权限不清，再加上整个监督体系群龙无首，且缺乏必要的沟通和协调，相互争夺监管权力或扯皮推诿的现象时有发生。更有甚者，部门之间不但不相互配合，还会因部门利益纷争而相互掣肘，这都弱化了行政监管的总体效能。

（3）监督管理手段单一、强制执行力不足。

无论从行政上还是法律上，现行的规划行政监督都缺少制止违法建设的强制手段和人、财、物保障，尤其是对城中村和某些权力部门，规划实施执法都面临巨大的社会成本。规划建设活动属于经济范畴，其涉及的是片区甚至整个城市的经济社会利益，而不仅仅是行政主体和相对方之间的事务，采用单纯的行政手段无法有效应对巨大的经济利益和社会成本。然而在现行体制下，规划行政主管部门依靠单一行政手段单独负责强制执行，对拒不执行行政决定的违法行为人的处

---

① 违法建设可以概括归纳为以下四类：第一类是应办理建设用地规划许可证和建设工程规划许可证的，而当事人两证均未办理或两证只办理一证就进行建设的；第二类是取得了建设用地规划许可证和建设工程规划许可证，却违反了两证进行建设的；第三类是应办理临时用地或临时建设工程规划许可证而未办理就进行建设的；第四类是办理了临时用地或临时建设工程规划许可证，却违反了审批许可的事项进行建设或逾期未拆除的。

理，规划部门往往力不从心，缺乏应有的力度和威慑力，难以达到促使当事人履行义务的目的。例如，对限期拆除违法建设这一行政处罚决定，由于直接涉及执法相对人的核心利益问题，矛盾是尖锐的，暴力抗法的事件时有发生。一些违法者侮辱、谩骂、威胁、恐吓执法人员，殴打执法人员事件也呈逐年上升之势。而规划监察本身并没有有力的强制执行手段，面对行政相对人故意拖延甚至拒绝履行行政行为所确定的义务的情况，往往显得束手无策。遇到暴力抗法，公安司法机关等相关职能部门也很难采取强有力的措施及时惩处违法分子，致使个别居民煽动、组织群众进行阻挠拆违现象增多，尤其是对违法建筑数量较大地块的查处、整治工作，很多情况都没有突破利益冲突带来的阻力，在这种情况下，一栋栋违法建筑物在规划部门下达行政处罚决定书后仍旧封顶完工，而由此带来的示范效应又引得更多的违法建设者争相仿效，以至于"罚不责众"，从而在客观上放纵了行政违法行为。虽然根据现行《中华人民共和国行政诉讼法》第 66 条和《最高人民法院关于执行〈中华人民共和国行政诉讼法〉若干问题的解释》的有关规定，我国目前实行的是法律、法规授权下行政机关自行强制执行与申请人民法院强制执行相结合的模式，但由于《城乡规划法》在规划实施管理方面缺乏司法干预的明确制度，人民法院按照民事诉讼法规定的程序对行政处罚的执行也存在诸多难题。

（4）监管滞后，以罚代管。

依照行政监督主体介入监督客体的不同发展阶段，违法监督可划分为事前、事中和事后监督三种状态。从理论上看，拥有监督权力的主体对监督客体一般应有全环节介入机会，不能取此舍彼。事前监督能够提前发现监督对象的各种潜在的或显现的弊端，从而达到防患于未然的目的。事中监督对保障全面实现组织管理目标，避免和减少工作失误，特别是减少已发生的管理和工作失误所带来的损失具有重要作用。若把重点放在事前和事中监督上，未雨绸缪，可防患于未然，但从现行监督管理的实施情况来看，由于机制不健全，没有合理的监督制度和有效的监督手段，注重行政管理事前、事中监督的公众参与、层级监督等不能落实，而不得不忙于重视事后追惩。而仅仅重视事后监督是不适当的，从制度的角度来看，这是行政监督机构功能的缺陷。对事后追惩的行政监管行为进行简单的行政成本分析，会发现哪里有违法行政行为，规划实施管理机构就到哪里查处，由于无法从源头上减少违法行政行为的产生，每当发现违法行政行为，其实已经成为既成事实，陷入"亡羊补牢"的局面，追惩性的处理往往导致了规划监督人员在"合法性"与"合理性"之间每每艰难抉择。加上行政权力的局限和司法程序的复杂，导致拆除和改正者较少，多以大大低于法定标准的罚款实施处罚并补办手续，罚款便成了违法建设形成后行政处置的几乎唯一手段。政府行政成本直线增加，违法建设利益达成成本大大降低。

6.3　规划实施管理制度效能优化的制度对策

6.3.1　完善规划管理法规，清晰界定权利关系

6.3.1.1　清晰界定违法建设属性和相应惩处

从法律的角度来考量违法建筑的违法形态，可以认为其存在两重违法属性：一是建设行为的违法性，属于过程违法，这是所有违法建筑都具有的属性；二是建筑物本身的违法性，属于建设行为后果的违法性，这是一部分违法建筑存在的属性，即当其对规划产生影响时，就存在了这一属性。后果违法和过程违法都需要加以处罚，区别在于视情况给以何种处罚。

规划行政主管部门依照《城乡规划法》等法律规章，对规划建设行为做出是否违法的判断。一般来说，对过程违法的行为比较容易界定。但是，对后果违法的界定比较复杂，主要难点包括确定违法建设的规模内容以及违法建设对城市规划的影响程度，这在目前的城市法规体系中没有明确的标准①，需要加以规范界定完善。基于目前对违法建设的处罚力度偏低，对违法建设规模内容的确定应从严。违法建设对城市规划的影响程度应综合多方面因素确定：①是否违反法律、行政法规的禁止性规定，即有无违反规划、建筑等审批要求；②是否妨碍社会公共利益，通常要对违章建筑的各项建设指标（如选址影响、完工程度、材料属性、抗风抗潮能力等）进行测量，结合各种条件做出综合判断，看其是否违反规划，是否危及防洪、电力、民航、文物等方面的安全，以及看其危害程度多大。

行政处罚的基本原则之一就是处罚力度与违法行为相适应②。这一原则要求行政处罚的轻重程度表现与违法行为的事实、性质、情节以及社会危害性的大小相对称，过轻则不能有效地阻止违法行为的发生，过重则会侵害相对人的合法权益，违背公正原则。对违法建设的惩处应该根据其违法属性和影响程度界定在一个相对明确的区间，而不是像现在这样界限模糊。规划主管部门借鉴其他国家和地区的经验③，对违法建设行为应根据其违法程度分别处以责令停止建设、责令

---

① 在 6.2 中对失效制度根源的剖析中已有详细论述。

② 该原则是依据《行政处罚法》第四条第二款规定。

③ 在香港，对违法建设行为进行规定的法律主要有《城市规划条例》和《建筑物条例》。这些犯罪行为包括违反城市规划上诉委员会所发出的"传票"要求而拒绝履行义务，违反发展审批地区图以及分区计划大纲图的规定而进行违规发展建设，违反建筑管制而进行房屋建设，违反建筑事务监督要求而占用建筑物。根据以上条例规定，这些犯罪行为将被处以罚款及监禁。

在新加坡，《开发控制和规划法》规定违法开发构成犯罪的可能情形主要有两种：一是没有取得规划许可或者违反规划许可批准的条件；二是违法开发行为发生后拒绝接受或者阻碍规划部门的现场检查。在两种情形下，违法开发行为人可能被处以罚金或者一定时期的监禁。

其补办手续、罚款、限期整改、限期拆除、强行拆除、没收、刑事和民事处分。这样才能既提高效率，又规避管理人员的寻租行为。

6.3.1.2　提高违法建设的利益达成成本

违法建设所牵涉的利益不仅仅是物质层面，往往是对整个地区甚至城市环境品质造成恶劣的影响，还牵涉社会公平。但对违法建设拆除没收的处罚决定往往很难落实，以罚代管是目前规划实施管理的主要失效现象之一。对于这类影响严重的违法违规行为，需要完善可操作的拆除没收违法建设的实施机制，落实拆除没收违法建筑的主体、权责、程序和时限规定，以及监督考核机制。

从一般意义上来理解行政处罚，对于行政相对人因不法行为而获利，首先应没收其非法所得①，其后才是施以罚款或其他行政处罚。从这个角度看，目前普遍采取的按违法项目建设工程造价的一定百分比进行处罚，便显得十分不妥，因为违法建设成本过低，并不能阻止违建的发生。对于开发商擅自改变建设工程规划许可的法定要求进行建设，经查实确定其为违法建设，且存在着不当得利，那么在进行其他处罚之前，应首先没收其非法所得，这需要对具体项目违法建设的面积、地段售价、建设成本有清晰的估算，如此操作，短期内会大量增加城市规划行政管理的工作量，规划的行政成本也将大幅上升，但是从长远来看，可以有效地降低违法建设的频率，从而带来行政高效②。

同时，应增加对违法建设行为责任的追究。不管处以罚款补办手续使违法建筑转变为合法建筑，还是通过自拆、强拆使违法建筑物理上的灭失，或者没收违法建筑，都不应该取代对违法建设行为责任的追究，并应酌情追溯其土地违法等相关责任。

6.3.1.3　控制行政主体的寻租成本和行政成本

加大查处的力度与执法人员的守法、尽职行政对遏制违法建设有着决定性的

---

① 拆除或没收违法建筑也是没收违法获利的一种方式。

② 这个判断可以根据清华大学的曹珊、苏腾两位学者对违法建设双方进行的博弈分析中得到。既然违法建设查处方和违法建设者双方间存在着目标差异和信息不对称，查处就成为一个博弈过程。违法建设查处的对象主要是建设单位的违法、违规行为，而建设单位做出此行为的内在因素是利益驱动。只要预期收益大于预期损失，建设单位就会采取违规行为，反之亦然，这是由经济人的本性所决定的。假设被查处者违规行为期望损失为 $L_1 = (P_1 + P_2)p_l$，期望收益为 $L_2 = V$。其中违法行为被发现的概率为 p_l，P_1 为受处罚的额度，P_2 为受处罚引起工期延长、资金回收慢等负面效应，V 为期望收益，则经营违规行为的纯策略收益为 $L = L_2 - L_1 = V - (P_1 + P_2) p_l$。经营者采取违规策略的前提是 $L > 0$，即 $L_2 - L_1 > 0$，大幅增加 P_1，并没收其全部收益 V，使得违法建设一旦被查处，则其纯收益必定为负值。

作用①，这和我们在规划实施管理制度失效分析中对执法人员寻租成本低加剧行政低效的论断是相吻合的。因此，高效的规划实施管理亟须对规划管理机构行政主体尽职的约束，建立行政监督法制，包括行政执法机关内部责任约束规范、行为控制机制、工作保障机制、职责协调机制和执法监督机制。

责任约束机制就是要通过实行行政执法责任制，将执法机关及其执法人员的权力与责任联系起来。行为控制机制就是要通过明确执法行为过程中的权力运作规则和公开、公正原则，实现对执法行为的控制。工作保障机制就是要通过一系列制度和措施加强行政成本核算，调整利益格局，优化利益分配，实现行政资源的合理配置。职责协调机制就是要建立执法协调制度，保证执法主体之间行政管理资源和信息的有效传递。执法监督机制就是在执法过程中建立自动纠错和责任追究系统，并实现规划行政机关内部监督和社会监督的有机结合。

6.3.1.4 调整管理法规的责权覆盖范围

调整规划管理法规覆盖的范围包括"收"和"放"两个方面。

所谓"收"，一是指要将除了规划主管部门之外的其他相关政府职能部门、各级政府、社会组织等纳入规划实施管理的监督主体，明确各自相应的权力和责任。二是指法律责任不仅要追究违法建设当事人的责任，而且要追究违法建设设计单位、施工单位和监理单位等相关人的责任，使违法建设从规划、设计、建设到管理使用等环节一并处于被监管状态。

所谓"放"，是指将规划实施管理涉及的部分行为责任由《规划法》转移至《民法》或者《刑法》来调节。当违法建设行为触犯到相邻者等相关民事主体的利益时②，规划法作为行政法很难做出合理的处置，往往处于尴尬的被动的协调者的地位，而饱受利益受损者的责难③。这时应该将对违法建设的行政处罚与民事纠纷相分离，分别纳入《中华人民共和国行政处罚法》和《民法》来处置调节。为提前规避民事纠纷，在核发行政许可之前可以要求申请人与相关主体签订民事责任合同。规划主管部门也可以尝试用签订民事责任合同的方式规范规划实施建设，以此来提高行政相对人的积极性和配合性，降低行政成本，提高行政效

---

① 继续引用违法建设的博弈分析，假定根据完善的配套性法规，既提高了违法建设利益达成的成本，监督管理部门能够根据每个违法建设工程项目给予适当查处，违法建设者能够清楚地判断出自己的违法建设工程被查处出来后的罚款金额，即 P_l 对于被查处者的信息是完全公开的。当查处力度增大，查处措施周密时，p_l 必然相应提高。在 $L = V - P \times p_l (P = P_1 + P_2)$ 中，L 与 p_l 呈负相关关系，则只要增大 p_l，就能使 $L > 0$，开发建设者就会减少违规行为。

② 相邻权的纠纷是最常见的。

③ 案例三中即有体现。

能。一种做法是在核发规划许可时与申请人签订民事责任合同，一旦有违法建设行为发生，可以要求行为人履行合同自行改正或者向法院起诉强制履行合同；另一种做法，在拆除违法建设行政执法中，与存在特殊情况的违建人或者其他违章建筑占有人签订民事责任合同，由违建人在一定时期内自行拆除或者将不合法部分自行移除而成为合法状态，在此期间对违建的违法状态进行容忍，超出时限则可申请法院强制执行。一些严重违法建设的行为导致区域环境下降、发生安全问题或造成重大公共利益损失，已不仅仅是行政方和相对方之间的事务，远超出行政法范畴而构成犯罪。新的《中华人民共和国城乡规划法》第69条提出违法行为构成犯罪的，依法追究刑事责任。但仍需对这类行为的犯罪性质和刑事责任以及附带的民事责任加以明确，仿效发达国家设立城市规划管理的刑事责任制，追究违法建设者的刑事责任，并相应纳入到《刑法》中去。

6.3.2 合作治理，多管齐下

在对现行规划实施管理失效的分析中，我们已经发现对于规划实施管理这个多元利益复杂的领域，依靠单一部门的行政手段很难实现高效的协调与监管。要真正实现现代积极行政服务，就要从社会整体入手，优化规划实施管理体制和职能组织，推行协同多样的合作治理策略，注重相对人对行政法律制度实施过程的主体性参与，多途径参与规划实施管理①。合作治理的规划实施管理要求②：第一，完善城市社会的自组织特性，规划实施管理权力按阶段适当转移到建立在信任与互利基础上的社会网络。第二，对应规划实施管理主体的多元化，综合运用经济、法律、金融等多种手段达到管理的目标。

---

① 治理是使相互冲突的或不同的利益得以调和并且采取联合行动的持续的过程，治理理论最重要的目标就是优化城市政府的管理效率。

② 英国新右派的政府改革、美国的新治理及荷兰的地方治理模式等新公共管理实践强调：第一，公共组织权利关系有还权于社会组织、权利体系横向上逐步由单纯的直线型权利关系向直线权利关系和参谋权力关系并存的状态转变，纵向上有着集权与分权相融合的趋势。任何社会阶层群体、社会网络都是具有自组织特性的，一个城市的社会组织如果不能达到自组织的要求，就无法自我完善，无法调动所有人的积极性，作为复杂系统的城市，就要把每一类组织的自组织特性充分发挥出来，这样城市整体效能才能提高。同时，也只有这种外部属地式监督途径的引入，即通过法律和行政均权确保公众监督和社区团体监督成为制度，才能为事前和事中监管提供相对更加全面、完善的信息，从源头上遏制违法建设的猖獗和行政寻租现象的产生。第二，公共组织的职能由保护性、统治性职能为主向管理性、服务性职能为主转变，由原来的混淆不清向高度分化转变，由以人治为主转向以法治为主，以行政手段为主转向以法律和经济手段为主。

6.3.2.1 分工协同，相对集权，阶段制衡

从单一专业部门的监管走向多元主体参与治理，扩大了参与规划实施管理的主体范围，这不仅要加强规划主管部门与其他政府部门和属地政府的协调，还应该引入行政体制外的社区组织、行业组织、非政府组织和公民团体，发挥积极的作用。要充分发挥各个治理主体自身的优势，提高组织协同力，就涉及权力的重新配置，即通过行政权的重新分配与整合来解决横向的职权冲突关系和纵向的行政效率问题。不仅要对监督对象和监督范围进行合理分工，还要对某一监督对象谁主管、谁协管、管到哪一步做出明确规定，保证工作中不致出现空白地带或相互冲突。只有综合多元化力量，确定多元主体意识和责任，才可以多渠道、多层面及时发现、制止违法建设行为。

笔者用行政管理的原则对规划实施管理权在多元主体间进行合理分配①。制度建构在不违反依法组织原则的前提下，以行政分权与组织效率原则为共同指导，通过将行政监督过程中检查、调查、决定和执行结构性分离，同时将不同部门相近职权功能性集中，以达到行政权高效行使和权力制衡有效实现的双重目标。即规划实施管理体系构建，可按照相对集权、分阶段制衡的思路进行组织，按违法建设行政检查、行政处罚和行政强制执行三个阶段相对分离，由不同的部门组织完成，在每个阶段内尽可能实现相近职权的功能性集中，在需要的阶段环节，可横向集权设立综合管理机构。这样的制度安排：第一，能明确各主体的职责，赋予其相应的权力，使整个管理体系在工作中形成程序上的整体，有利于在具体工作中提高效能和降低行政失误的可能。第二，按照程序划分部门有利于平级部门间的相互监督与责任的追究，尤其是在具体行政行为中，法定的阶段与程序带来的法律责任更容易追究，从而有效地避免了原有的行政体制中部门利益的独立化导致的平级部门相互监督不力，并有利于行政相对人对监督管理体系各部门的高效监督。

6.3.2.2 多种手段，确保落实

规划实施管理要发挥参与治理的多元主体的优势，从各自职能出发采取多种手段，互相配合，保证规划实施管理的效能。

1. 属地手段

---

①《行政组织法》的基本原则是：第一，依法组织原则，即国家对行政的组织，必须受法律的约束。第二，行政分权原则，即采用分散的方式组织行政，行政权分别由不同组织体或不同行政机关承担；出于权力制衡考虑的行政管理过程中的分权带来了竞争理念，强化了部门之间的相互监督，可以防止在规划监督管理过程中同一主体行使检查权、处罚权与执行权因利益一致而产生的权力寻租。第三，组织效率原则，即行政组织以能发挥效率、成效及效能为其目标，行政组织之设置、调整、改组、废止等均应符合行政效率原则，要以最小的投入获取最大的利益。出于提高效率考虑，不同行政部门相近职权的横向集中则减少了权力的重复、交叉与空白，避免了部门之间因沟通、协调、推诿扯皮等影响监督管理时效。

　　属地管理措施即各基层政府对辖区发现、检查、落实违法建设工作负总责。充分利用基层组织网络完备覆盖面广的特点，把查处违法建设的总目标层层分解，落实到区、街、社区等各级组织，有效地调动和发挥他们的积极性，形成"一级抓一级、一级对一级负责"的层层负责和问责机制。属地政府（街道、社区）对所辖区域的情况较为熟悉，有利于第一时间发现违法建设，是最好的规划实施监督检查职责承担主体①。同时，属地基层政府可以综合运用自身经济、社会等职能，有效监控和制止辖区内的违法建设②。在我国许多城市治理违法建设集中行动的实践中，各级基层属地政府已经成为重要的任务承担者，并比较圆满地完成了工作。美国的经验也证明依靠社区力量、发动社区群众是制止违法建设的成功模式③。

　　2. 行政手段

　　规划行政管理仍然是规划实施管理的主要手段。规划部门内部各职能科室、上下各级组织要形成紧密高效共享的信息网络，从开发控制的完整环节对建设单位的行为进行控制，积极预判违法建设的动向，及早发现并管控违法建设。同时应加强规划行政部门和建设、国土、房管、工商等相关行政部门的信息沟通和互动，不仅针对违法建设单位，而且对设计单位、施工单位、监理单位全面监管；不仅针对当前的违法建设，而且对违法建设的前后环节全面督察。

　　3. 经济手段

　　从调节经济利益入手，遏制违法建设。提高违法建设的利益达成成本，使其无利可图是有效的控制措施，新加坡采用的严管重罚制度保障了政府对违法建设的高效监管④。一方面，根据处罚力度与违法行为相适应的原则，需要没收违法收入而不是按其建造成本的百分比予以行政处罚，并严格严重影响城市规划的违

---

　　① 治理违法建设要实现"帕累托改进原则"，最好的方法是防微杜渐、未雨绸缪，由事后查处转向事前介入，由以拆除惩罚转向预防监控，对违法建设从抓隐患抓早抓小入手，从业主购买运输建筑材料、挖地基开始，对违法建设进行有效的监控，避免违法建设主体承担过大的经济损失，达到"预防为主，惩治为辅，标本兼治"。属地政府对所辖区域的情况较为熟悉，容易发现违法建设行为。

　　② 社区组织承担着联系政府与民众、依法进行社区治理和服务等多种职能，在治安管理、环境卫生、化解矛盾和纠纷、计划生育、社会福利、流动人口管理等方面，社区有着巨大的优势。

　　③ 美国城市所有的社区规划均通过政府网站向社会公布，使每一位社区居民对其所在的社区规划建设都了如指掌，一旦有人违法建设或违章搭建，社区居民就会举报，城市警察会很快抵达现场进行制止和处理。正因为如此，在居住社区内也就很难存在违法建设或违章搭建的土壤，可以说美国制止违法建设的做法是发动群众、依靠群众。

　　④ 在新加坡的各个社区都随处都可以看到"不准""禁止""不能"等告示牌，当居民违背这些规定时，将会受到严厉的罚款，对于运用罚款手段还不足以制止违法的，则合并运用罚款和强制劳动手段，与此同时，当事人要承担相应的刑事责任。

法建设拆除、没收的详细条款。另一方面，发挥金融、财政、税收等相关金融经济主管部门的作用，对违法建设从建设到经营管理进行全程限制和管理，并对开发建设单位、施工单位、设计单位限制违法建设的贷款和财政资金拨付、基础设施供应、原材料来源、经营手续办理等，并对其账户进行监管，保证处罚到位。

4. 法律手段

完善法律的相关内容，发挥法律对调节社会经济行为的作用。一方面，规范包括规划主管部门和其他行政部门的行政方的行为，建立行政监督执法机制，防止行政主体寻租乃至腐败行为的发生；另一方面，加大对行政相对方违法建设行为的执法力度，尤其是行政强制执行的顺利落实，完善刑事执法与行政执法相衔接的办法，同时为行政相对方提供司法救济。

5. 公众手段

任何建设项目，无论是在建设中，还是建成后的建筑外观以及用途，都首先会影响周围居民和周围环境，因此，利益受损或者有公共意识的公众是监督规划实施的第一能动主体。在规划实施中引入公众参与机制，让公众有确切的规划信息，疏通公众监督的渠道，完善公众考评的平台，可以尽早发现建设业主无证建设、少批多建等违法行为，发挥事前、事中监督的积极作用，并避免事后可能的激烈博弈。另外，虽然舆论监督多为事后监督，但它也是很有力的监督手段之一。因此，我们要发挥舆论监督点多面广、快捷灵敏、对社会影响力较大的作用，强化舆论对行政主体与违法建设主体的监督，促使规划实施与监督过程公开化、透明化。

6.4 效能型规划实施管理制度设计

作为政府宏观调控城市建设和发展的一项行政权力，规划行政具有公共权力运行的公益性、综合性、政策性特点。作为一项社会运动，城市规划参与主体多元，涉及政府、专家、企业、公众。在经济社会转型期不同利益主体的碰撞与冲突尤为突出的背景下，规划行政实施管理应该走出单一主体，即规划局和其下属的监察大队承担决定、处罚和执行任务的单系统模式，构建包括市级城市规划行政主管部门、区、街道规划管理部门、属地政府、社会团体、基层自治组织、新闻媒体以及公众、司法机关、纪检监察部门、金融部门等多主体参与网络状的治理体系。

规划实施管理主体的多元化说明了规划实施管理主体不只是规划部门一家。但也应该看到，各主体之间存在着因职责交叉而产生的难以配合与协调问题。如果各主体分工不清、职责不明，有些问题、有些领域谁都可以监督而又谁也可以不监督，形成许多规划实施管理的"盲区"，同时还会造成管理机构重叠、监督成本上升和监督资源浪费。因此，首先要明确各个主体的职责、权限、任务和作用①，建立起常态有序的相互协作制度，形成严密的监察网络，各部门都作为网络中的一个节点发挥相应的作用。其次，在履行职责的过程中，各主体需要经常交流信息、加强理解与相互协调，通过立法保证管理程序上的衔接，保证整体合力的发挥。第三，应形成执行有力、监督有效的体制框架。

城市规划实施管理按行为方式和程序环节来看，包括监察管理、处罚管理和执法管理，下文将分别论述。

6.4.1 规划实施监察管理制度

规划实施监察管理是对规划实施主体执行规划许可的情况和执行过程的监督。规划实施监察包括两方面职责，一方面是依申请的节点监察，包括对实施主体的建设工程开工订立道路红线界桩和复验灰线、正负零、主体结构以及建设工程竣工规划验收，这是规划管理部门的行政职能。另一方面是主动的日常监察，包括对项目建设用地的监督、监察和对建设工程的监督、监察，这方面的工作可以由规划管理部门的专业监察和属地政府、社会团体、基层自治组织、新闻媒体和公众等一般监察主体共同承担。

规划实施监察管理强调的是事前和事中的监督，争取第一时间发现违法建设。因此，管理权责应该向信息充分、及时、灵敏的基层主体下放。规划管理部门开工验线、基础完工、结构封顶、竣工验收四个节点的相关规划监察职能应遵循属地管理的原则，由区和街道规划管理部门行使，并向上级规划主管部门负责。同时，以区及以下属地政府作为日常规划实施监察工作的第一责任主体，确立街道在监察违法建设工作中的中心地位②，将任务分解下达到街道，各街道将任务进一步落实到社区；社会组织、新闻媒体和公众从各自的角度辅助监察规划实施情况，并向属地政府或上级规划主管部门举报③；属地内规划管理部门发挥专业管理职能随机抽查；上级规划管理部门（或委托属地内规划管理部门）对举报情况进行检查。这样的规划实施监察网络设置将重心下移，纵向建立到最基层，便于加强事前预防和事中监督，减少查处双方的信息不对称，实现人人都监督违法建设，使其消除在萌芽状态，并且利于加强监察工作信息的反馈，对反馈的情况和问题进行及时的综合分析，从而提高城市规划实施管理体系整体的效能。

为保证规划实施监察管理网络切实发挥作用，应完善以下相关制度。

1. 构建疏通公众监督渠道的制度

---

① 通过法律法规明确规定并授权。

② 实践中，由于经济、政绩或者乡土人情等原因，乡镇、街道办事处、村（居）委会和社区往往对违法建设负有不可推卸的管理责任。

③ 社会组织和公众对社区内建设的信息掌握比较完善、全面，而且社区的环境与安全和其切身利益相关，充分调动社区内公众监督违法建设，并使其拥有畅通的信息反映渠道，是高效的事前、事中监督得以实现的关键。

要让公众能真正对规划建设行为进行监督，重要的是解决公众尤其是项目所在社区公众对规划信息了解不充分的问题。完善建设项目批后公示制度，建设项目在获得建设工程规划许可证之后，于放线前通过政府网站、信息系统、媒体及建设工地醒目位置竖立建设工程批后公示牌的方式，标明项目名称、建设单位、用地总平面图、建设工程平面图、主要立面图或透视图、各项经济技术指标、建筑后退道路红线和用地界限的距离、建设工程规划许可证批准号、监督举报电话等内容，其中各类图纸应注明有关尺寸，便于群众随时监督工程建设情况，对不按规划进行建设、私自修改规划的行为及时举报。建设工程批后公示牌在建设项目通过规划竣工验收之后方可拆除。这样，可以使公众清晰了解规划许可证审批的内容，对建设是否违法进行及时监督。

2．建立上、下级规划部门之间规范化的工作联系制度

建立规划实施的报告、检查和纠错制度，完善市规划局对区、街道、社区规划监察机构的工作抽查制度，明确抽查的具体工作内容、程序和方式。

基层规划部门应定期向市级规划部门书面报告工作情况，及时报告重大问题，便于市规划局全面、准确地掌握下面的规划实施监察工作情况，特别是严重违法、违规建设等重要情况。基层部门应定期就本片区规划实施监察情况进行自查自纠，认真核查是否将大部分违法建设在事前与事中阶段进行了有效遏制。同时，由于区级规划管理部门和基层政府对信息掌握相对完全，因而，它们应有对市规划局违法建设行政处罚不当的顺畅反映途径和参与商议制度。市规划局要经常对基层规划实施监察情况进行抽查，发现违法违纪行为的，责令其纠正，对故意拖延或拒不纠正的，应依法直接予以纠正，并追究有关责任人的责任。为配合汇报、检查制度的落实，有必要建立巡视督察制度，由市级规划管理部门向各区、街道委派规划监督员，监督规划的实施。

3．建立规划实施监察考评机制

基层主要领导的执政效能评价应当与辖区内规划实施管理挂钩，从成效、结果入手，对规划监察组织管理不善、监督不到位、有令不行、有禁不止、工作不协调、推诿扯皮、有着严重不负责任的行为，实行行政告诫、责令整改，以及纠错、通报批评等制度，并在年度考核中实行一票否决制。

6.4.2　规划实施处罚管理制度

规划行政处罚以事后监督的形式为主，它是在规划监察机构或个人提供违反城市规划、法律规范和规划许可的具体单位或个人的违法用地或违法建设确凿的事实的基础上，做出制裁决定的具体行政行为。为保证城市中各个片区适用同样的处罚标准，避免违法建设出现区域差别，行政处罚职责宜由市级规划行政主管部门，即市规划局统一行使，按照相关的法律法规做出对违法建设的行政处罚决

定。行政处罚与行政监察①相分离有利于各环节之间相互督促与监督，避免行政寻租行为的发生。

规划实施处罚管理应建立以行政处罚为主、多部门和公众参与的治理体系，进一步完善法规规则，加大处罚力度和覆盖面。为确保规划实施处罚管理的落实，需要完善以下制度。

6.4.2.1 完善规划批后管理信息反馈系统，建立建设单位规划管理档案

在规划管理部门内部，建立信息管理档案制度。对有违法建设行为、不服从规划实施管理、拒不整改的建设单位，基层行政检察机关、行政强制执行机关将这些建设单位的有关违法事实报（函转）市局综合部门法规科审核，经局领导批准后录入信息管理档案，将列入规划批后管理黑名单的违法建设单位在局、分局内部进行通报，并抄送城市规划委员会，在全市规划管理系统范围内停办该单位在报、在建项目的一切规划编制审批、许可审批，以及批后管理竣工验收的手续；待违法建设行为处理完毕，经局领导批准后方可从黑名单中删除，恢复其所有规划手续的办理。与此同时，由市规划局定期向社会公布建设单位的信用记录，对一贯守法、信誉良好的建设单位予以推荐；对不守法的建设单位，要向公众曝光警示；对有违法记录的建设单位整改后再建的建设工程，则要重点加强对其的规划监督和验收。

在规划管理系统外部，完善对与违法建设相关的法律相对方的管理。对服务以及参与违法建设活动的施工企业、勘察设计、规划设计、建筑设计、工程监理等单位、部门及有关领导、执业人员在落实规划实施方面，同样实行档案管理，将其不良行为记录在案，并且有选择性地予以通报。通报的方式视违法违规行为性质可采用政府信息管理系统通报、要情专报、新闻媒体通报、网上通报等形式。同时将参与违法建设的相关单位报告建设行政主管部门、工商行政主管部门、产权登记主管部门等，在年检和资质评审时对其予以核算和处罚，增加其违法违规成本，并不允许或限制其办理产权登记，促使责任主体和执业人员严格按规划要求从事或参与建设活动，从而达到阶段性和长效性管理的有机结合，进一步维护规划实施管理的严肃性与威慑力。

6.4.2.2 实施从严从重处罚的制度

让违法者无利可图是遏制违法建设的重要环节，新加坡采用的严管重罚制度保障了政府对违法建设的高效监管②。在《城乡规划法》确定的违法建设利益达成经济成本偏低的情况下，地方规划法规应加重处罚的力度，制定严格具体处罚的实体性和程序性条例。

1. 加大没收和拆除违法建设的力度

---

① 如上文所述，监察的行政职能由区级以下规划行政部门负责。

② 在新加坡的各个社区都随处都可以看到"不准""禁止""不能"等告示牌，当居民违背这些规定时，将会受到严厉的罚款，对于运用罚款手段还不足以制止违法的，则合并运用罚款和强制劳动手段，同时当事人将承担相应的刑事责任。

对严重妨碍社会公共利益、严重影响城市规划、存在严重安全隐患、严重影响市容市貌或严重影响居民生活等造成恶劣社会影响的违法建设，要严令限期改正或者拆除，拒绝执行者、严重的逾期不执行者和暴力抗法者附加追究刑事责任。严令制止"以罚代拆"行政行为的发生。

从社会本位和综合效益等角度设计制度，为了将违法建设对社会的负面影响降到最低，并使违章建筑得到更好的利用，防止资源浪费，对严重影响城市规划，但无安全隐患，且由于规模较大或结构等原因拆除违法部分成本又很高，但罚款的处罚力度又不足以惩戒的违法建筑，采取"没收"方式处理，将其作为廉租房等公益事业或公共用途。

在现代积极行政下，要充分体现对行政相对人的尊重，这样才可以最大限度保证行政强制执行的高效实施。违法建设同时也是开发单位的私有财产，在拆除违法建设的过程中应尽量减少当事人的损失，对拆下来仍旧可以使用的铝合金门窗、木门、钢架、供电照明设施和砖块等建筑材料尽量不损坏、不丢失，实施人性化的拆违方式。

2. 提高违法建设的罚款标准

对虽不影响城市规划，但未办理规划许可证或者擅自改变使用性质的违法建设，要规定明确的罚则。根据处罚力度与违法行为相适应的原则，需要没收违法收入而不是按其建造成本的百分比予以行政处罚，违法收入应当按违法建筑超建部分市场成交价格和超建部分工程总造价的差值计算①。

在上述原则指导下，参考不同区域不同物业形态的价值，初步确定某市各片区各类性质用地的罚款标准（需由物价局核准），由专业测绘单位认真核定违法建筑面积，严格按照标准执行。某市各片区违法建设罚款执行标准，如表6-1所示。

表6-1　某市各片区违法建设罚款执行标准　　　　　　　　　　　　　元/平方米

	铁西区	铁东区	开发区	滨河东区	河西区	城南片区
居住	4 000	3 600	3 900	3 900	3 000	3 300
商业	15 000	13 000	14 500	13 000	7 500	9 000
办公	5 000	4 500	4 500	4 600	4 000	4 000

6.4.2.3　完善公众对行政处罚的监督制度

1. 建立规划处罚监督公报制度

规划行政主管部门对在规划实施监察中发现的违法建设情况要定期发布公

---

① 有市场实际成交价的按均价计算，没有实际成交价的由有资质的评估机构进行市场价格评估，其评估价格应当包括相应的土地价格、工程建安费和开发利润等。工程总造价即指工程项目按照确定的建筑内容、建设规模、建设标准、功能要求和使用要求等全部建成后所需的费用，它包括土地价格、建筑施工和安装施工所需支出的费用。要明确的是，建设工程总造价应由具有资质等级的专业工程造价评估机构，按国家现行工程造价标准进行认定。

报，即在发现规划违法案件和下达行政处罚决定后，要向社会公示违法项目名称、建设单位、违法事实、查处依据、处罚决定，并定期公布查处和执行的情况。

2. 建立和完善公众考评的平台

只提供公众进行监督的渠道是不够的，当公众发现问题后必须要有供他们提出意见并对其意见进行处理反馈的平台。具体做法是：①将公示意见整理形成"公示意见书"。"公示意见书"由区级规划主管部门负责整理，应由提出主要意见的社会团体或群众代表盖章或签字方为有效。②形成"公示意见反馈书"。对于提出的一般意见，区级规划主管部门工作人员可以依据有关法律、法规、标准和规定直接做出答复，建议人接受，可不形成"公示意见反馈书"。对于较复杂问题或提意见人不满意的，"公示意见书"报市级规划行政主管部门，由市规划局负责人组织有关人员对所提意见进行研究，提出解决办法，形成"公示意见反馈书"，并由区规划监察工作人员送达提建议人。③听证程序，对"公示意见反馈书"不满意的，提建议人可要求行政机关组织听证。听证结束后，形成"公示意见反馈书听证意见"。④仲裁程序，提建议人对规划部门经听证程序做的最后决定不服的，可以向规划上诉委员会申请复议，上诉委员会负责处理不服规划行政部门决定提出的申诉，并做出仲裁，仲裁结果为最终裁定。无论是公众监督渠道的疏通，还是公众考评平台的建立都须通过立法方式明确。

6.4.3 规划实施执法管理制度

规划实施执法是规划实施处罚的后续，其目的是落实处罚，制止、纠正违法行为，恢复被破坏的社会公共秩序和法律秩序。规划实施管理的强制执行力不足是现行规划管理失效的重要原因之一，我们有必要综合考虑规划执法的影响因素，并在此基础上对规划实施执法管理制度进行探讨。

6.4.3.1 行政执法模式的选择

规划实施执法管理是属于行政权还是司法权，是由司法机关执行还是由代表行政权力的行政强力机关执行，或是二者的结合，对这一问题的不同回答，将直接影响到规划实施执法管理模式的选择。根据《中华人民共和国行政诉讼法》第65、66条的规定，行政机关可以强制执行人民法院已经生效的行政判决、裁定；人民法院也可以强制执行行政机关的具体行政行为。这使得我们在选择强制执行的主体时面临困惑。实际上，对规划实施执法管理性质进行判断的首要标准应当是规划执法管理的具体内容和依据。根据《城乡规划法》的相关条文，规划行政部门负责根据法律法规，依照法定程序认定违法建设，并做出行政处罚决定。行政处罚决定是执法管理的前提，因而执法管理本质上应属于行政法的范畴，是行政权的一种运用。如果行政系统有权做出行政决定，却无法实现其内容，那么这种行政权无疑是不完整的。从这个角度讲，规划实施执法管理应由规划行政主管部门来行使。

　　但现实的问题在于，单一的规划部门无法像司法机关那样强有力地高效履行职责，需要建设、国土、房产、工商等其他行政部门以及银行等金融机构的协同支持，从这个角度考虑，将原来多部门行使的行政权力交由一个部门来行使，在行政体系内设立比单一的规划行政部门更强力的综合执法部门履行，集中了行政资源，有利于提高规划实施执法管理的力度。从法律依据来看，《中华人民共和国行政处罚法》第 16 条规定："国务院或国务院授权的省、自治区、直辖市人民政府可以决定一个行政机关行使有关行政机关的行政处罚权。"新的执法主体，即综合执法部门可以依法拥有对各部门分散执法无法有效解决的事态和社会关系进行综合处理和调整的唯一的权力。

　　这种制度模式是否能够提高规划实施执法的效能，我们可以应用制度成本来分析。德国制度经济学家柯武刚、史漫飞[1]对行政执法中的各项成本进行了剖析。这各项成本包括：①政府的代理成本。代理成本是指政府机构运行的资源代价，它包括监督政府内外情况的成本。②服从成本。服从成本只源于民间的个人和组织，每当这样的个人和组织受政府公法条文的支配时，就会产生这方面的成本，公民和组织必须按税制和政府规章所规定的制度约束行事。③协调成本。协调成本是在个人与他人交往以结合他们所拥有的产权时发生的。一个人的排他成本、交易成本、组织成本和服从成本常常是另一个人的收入，那些必须承担这些成本的人有兴趣削减这些成本，而那些进行交易活动或推行服从要求的人则常常有兴趣使这些成本居高不下，这些利益的冲突在削减协调成本和政府代理成本的制度改革中发挥着作用。综合执法的制度模式，精简了执法机构，相对减少了执法人员数量，避免或减少了分散执法、多重执法的扰民现象，因此可以有效地降低政府代理成本、服从成本与协调成本。

　　我国很多城市在实践中已经采用了城市综合执法的制度，一般都设立城市综合执法局[2]。某市的综合执法机构的设置[3]从法律来源看，宜采取地方法规授权的形式。综合行政执法主体是在对现有行政机关职能调整的基础上重新组建集中行使部分执法职能的机关，作为本级政府的一个行政部门，具有独立的行政执法

<hr>

　　[1] 柯武刚，史漫飞 . 制度经济学［M］. 北京：商务印书馆，2000：155.

　　[2] 国内其他城市的城市管理综合执法模式目前主要有以下三种：以北京为代表的区管模式，以大连为代表的市管模式和以广州为代表的市区共管模式。

　　[3] 依据法律来源的不同，分为行政授权综合行政执法和地方法规授权综合行政执法；依据权力配置的不同，分为相对集中行政权的综合执法和部门内部执法权集中的综合行政执法；依据行政行为种类的不同，分为相对集中行政处罚权的综合行政执法与相对集中行政许可权的综合行政执法；依据综合行政权是按照地域还是按照领域配置的不同，分为区域型综合执法与领域型综合执法。李国旗在《综合行政执法的特征及其理论类型》中整理，载于《辽宁行政学院学报》，2008 年第 9 期。

主体资格，能以自己的名义实施行政执法并承担因此而产生的法律后果。在权力配置方面，综合行政执法属于相对集中行政权的综合执法，综合运用规划、建设、房产、国土、公安、工商、交警、卫生、市政、环保等部门的职能手段，履行相关行政执法业务，承担各部门强制执行权的转移。在行政行为种类方面，其属于相对集中行政处罚执行权的领域型综合行政执法，综合执法部门一经批准成立，就在辖区范围内综合行使行政执法权，原来拥有此权力的行政机关不再行使该项权力。从这个角度看，综合行政执法在将不同行政部门相近职权功能性集中、提升管理效能的同时，还实现了行政管理过程中处罚权与执行权的结构性分离，可以有效规避寻租。

除了需要协调综合执法机构内部权力的协调配合，制定信息反馈、执法协调和督导落实制度①以外，建立良好的城市综合执法部门和相关管理部门（包括规划管理部门）之间的协调机制对提高规划执法效能也至关重要。为了切实避免"以执法代管理"和"执法受制于管理"等管理与执法相冲突的现象，城市综合执法部门与横向的有关职能部门必须加强沟通与协调，全面落实规划处罚决定。规划、国土、房地等审批部门和综合执法部门之间建立预审批通告征询、行政处罚决定移交、执法结果回复等信息反馈和资源共享制度。要加强和建立健全联席会议、沟通例会机制，使行政综合执法和专业管理的信息能及时沟通。特别是对执法中碰到的深层次问题，要分析背后的原因，通过管理部门的组织协调和各方面的力量来进行化解，从而理顺协作关系，减少扯皮推诿，形成执法合力，建立多方面参与的长效管理机制，着力提高执法效益。

6.4.3.2 完善辅助执法模式

1. 协同执法通知制度

综合执法部门可以根据需要发出协同执法通知，要求供电、供水单位不得为违法建筑供水、供电；房产管理部门不得为其办理产权登记；建设管理部门不得办理施工许可；银行和财政部门对没有开发许可和超越许可违法建设的开发企业、部门和单位在贷款和财政资金拨付上予以严格限制；税务工商部门对向违章建设项目提供建筑原材料的企业进行处罚；对于利用违法建筑从事经营活动者，工商、卫生、税务部门不得为其办理相关经营所必需的手续，使违法建设不能用于出租、出售和营业；对处罚决定规定的不予补偿的违法建筑，在征地和拆迁、

---

① 如北京市城市管理综合行政执法局成立了信息装备中心、指挥中心和督察大队。信息装备中心负责本市城管执法信息网络系统的维护和信息分析汇总工作；指挥中心负责城管执法热线举报投诉情况的汇总以及任务派遣、协调督办等工作，根据各种途径反馈得到的信息，负责承办全市性城管专项执法行动和跨区域重大案件查处时协调、统筹调度区县城管执法队伍开展专项执法工作；督察大队负责本系统行政执法工作的督察、考核和行政执法责任制的贯彻落实。

违法建筑拆除中绝不能予以补偿。这样，建设违章建筑以及利用违章建筑进行经营获利的势头就能得以遏制，从经济利益方面斩断违法建设的利益动机，确保规划实施处罚的落实和执法管理的强制力与权威性。

2. 协同执法报告制度

综合执法部门与地方党委政府、人大、纪检监察部门通力合作，根据需要发出协同执法报告，对有违法建设行为的国家机关和单位及其负责人提出警告、记过、记大过、降级、撤职、开除等行政处分建议。

3. 行政执法与刑事执法相衔接制度

综合执法部门针对那些对城市规划影响巨大，对社会和经济危害严重，又拒绝履行义务和暴力对抗执法的违法建设主体，可以依法向人民法院起诉要求追究刑事责任，并且出台《刑事执法与行政执法相衔接办法》。其内容应包括：行政执法人员在对违法建设行为进行查处时，违法建设当事人必须积极配合，若暴力抗法则在执法部门下达《责令停止违法行为通知书》后，违法建设当事人必须马上停止一切建设行为，否则构成刑事犯罪；违法当事人在执法人员下达《限期改正通知书》后，逾期拒不改正的，则构成刑事犯罪等。如果违法建设当事人违反了上述法律法规，相应的司法部门就应该立即采取必要措施①，严惩违法建设当事人，起到强烈的震慑作用。

6.4.4 效能型规划实施管理范式

6.4.4.1 回应型、多层次规划实施管理网络体系的构建

高效能的规划监督实施管理一方面要求加大执法力度，执法必严；另一方面也要遵从指令性管理②走向服务性管理的大趋势，争取行政相对方与行动主体的互动和配合③。应该注重运用多种手段来引导行政相对人行为的正确方向，给相对人一定的灵活度，促使其选择最小成本的行为方式，体现民主、协商与沟通的法治价值。

构建立体的、回应型的、多层次的实施管理网络体系，如图 6-6 所示，改

---

① 新加坡政府对此类行为最高可处以三个月监禁。

② 传统秩序国家观念下的规划监督管理大多表现为命令式的行政执法，其显著特征之一即单方意志性，执法方式简单、粗暴，执法手段机械、单一，相对人一方没有想法表示的自由，这极大地抑制了相对人积极性的发挥，严重降低了规划行政监督的效率和效果。

③ 违章建筑形成的原因：第一，"开发商"过度追求经济效益，突破规划限制；第二，企业从自身利益出发的建设要求与规划从城市管理角度出发的指导思想不一致，方案无法通过规划审批，部分"开发商"不服从规划而进行违章建设；第三，规划手续办理的时间比申请人预期的要长，与企业经营的计划冲突，工程无法按时开工完成；第四，建设者由于经济原因为逃避规费，不办理审批手续形成违章。恰逢第二和第三两种原因的话，如果有与行政相对方的积极沟通，就会大大减小违章违法和暴力抗法的可能性。

变目前命令—服从关系的结构，改变行政权处于绝对的单向支配地位的压制型执法模式。整合行政机关的权力资源和行政相对人的社会资源，增进彼此信任和实现社会合作，构建互动化、人性化的规划实施管理模式。

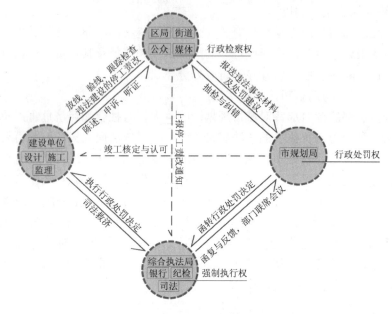

图6-6 规划实施管理网络体系构建

管理主体：市级城市规划行政主管部门；区、街道规划管理部门；城市综合执法局；社会团体、基层自治组织、新闻媒体和公众；司法机关、监察部门、纪检部门。

被管理主体①：违法建设的所有者（建设单位或个人，包括有政府背景的企事业单位，行政机关及其派出机构，社区和村委会，开发企业等）、建造者（施工单位）、设计者（建筑或规划设计单位）、施工监理单位。

多样化手段：属地手段、行政手段、法律手段、经济手段、公众参与手段。

在笔者设计的网络结构中，所有的行政方（包括多元实施管理主体与被管理对象）都被视为是有限理性的、能动的，各主体之间形成一种良性互动关系的立体结构的监督管理与被管理模式。在程序设置上，完善"事前督促、事中检查、事后核查"的全程实施管理与反馈机制，并建立规划实施监察、处罚、执法管理各阶段完善的行政程序。

6.4.4.2 规划实施全程综合管理的程序设计

效能型规划实施管理程序设计如图6-7所示。

---

① 一宗违法建设至少由以下几个方面共同进行：违法建设的所有者（建设单位或个人）、建造者（施工单位）、设计者（设计单位）。如不设定对施工单位和设计单位的约束及处罚条款，则往往是停工通知下到了建设单位而施工企业照样施工。

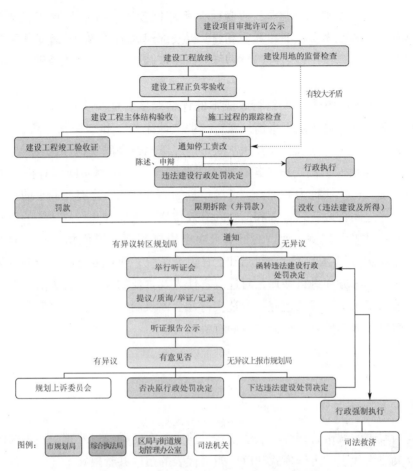

图 6-7　效能型规划实施管理程序范式设计

6.4.4.3　规划实施综合管理的制度保障

1. 完善城乡规划实施管理法规

在现有规划行政监督、公众监督、责任追究基本原则的指导下，对实施管理主体、范围、内容、程序以及结果的运用等做出专门规定，补充具体实施管理的程序性和实体性内容，增加其刚性和可操作性。具体来讲，需要明确建设行为违反法定程序、行政决定、违反经批准的城市规划的处罚办法。制定《城乡规划实施行政监督办法》《建设用地规划监督办法》《建设工程规划监督办法》《违法建筑拆除办法》《违反规划行政处罚办法》等，保障各级地方城乡政府、规划行政主管部门、监察机构、社区组织等在规划批后管理中有法可依、依法行政。

2. 建立规划行政监督执法机制

（1）责任约束规范。实行行政执法责任制，将执法机关及其执法人员的权力与责任联系起来，建立起"职责履行—评议考核—责任追究"的运行机制。

（2）行为控制机制。强化行政执法的程序制度和政务公开制度，建立和实行一整套执法的程序、标准和各种规范，以及部门内部详细的管理工作手册等规章制度，通过明确执法行为过程中的权力运作规则和公开、公正原则，实现对执法行为的控制。

（3）工作保障机制。实行行政成本的评估制度，逐步实现执法活动的实际需求与行政成本预算的基本平衡；实行"收支两条线"和"罚缴分离"等制度，将行政职权行为与行政机关及其执法人员的经济利益彻底脱钩等。

（4）职责协调机制。通过建立执法协调制度，将规划实施监督机关之间职权分歧的调解、执法行为的配合、资源信息的共享纳入一个有序调整的环境，保证执法主体之间行政管理资源和信息的有效传递，进而提高行政执法的效率。

（5）执法监督机制。通过实行重大决定审核制度、规范性文件备案审查制度等，在执法过程中建立自动纠错和责任追究系统，对规划行政监督的行为、运转情况、效率等方面进行测评，对违规责任人及责任领导视其行为后果严重程度进行行政乃至法律责任的追究；通过实行社会评议制度、违法投诉制度等，实现规划行政机关内部监督和社会监督的有机结合。

6.5　本章辅证

6.5.1　城市管理综合执法模式

我国城市的城市管理综合执法模式目前主要有三种：以北京为代表的区管模式，以大连为代表的市管模式和以广州为代表的市区共管模式。

北京是最先获得国务院法制办批复同意实施相对集中行政处罚权试点工作的城市，其承担城市管理综合执法工作任务的机构为"某某区城市管理监察大队"，这是在原城市市容监察大队的基础上建立起来的，为区政府所属职能部门，综合行使市容、园林、市政、公用等方面的全部行政处罚权及规划、工商、环保、公安交通等方面的部分行政处罚权。城市管理监察大队的管理体制和组织机构为：市一级不设相应的综合执法机构，但市设城市管理监察办公室，挂靠北京市市政管理委员会，负责全市城市管理行政执法的指导、协调、监督和调度工作，市城管办设有一支约40人的直属督察大队；在各区组建由区政府领导、区市政管委或建委协调的"区城市管理监察大队"，并作为行政执法主体，为正处级行政机关。区大队下设若干分队派驻街道办负责辖区的执法工作，受大队和街道办事处双重领导，街道分管副主任兼任监察分队分队长，对监察分队享有指挥调度权、日常管理权、经费使用权和人事建议权。城管监察人员实行行政执法专项编制，依照公务员管理，其待遇高于一般公务员。

大连于 1999 年经国务院法制办批准为综合执法试点的城市，2000 年初成立"大连市城市管理综合执法局"，为市政府直属机构，综合行使建筑市场、城市规划用地、房地产管理、市容环境卫生管理、城市园林绿化管理、市政公用管理等方面法律、法规、规章规定的行政处罚权。大连市城市管理综合执法局的组织机构和管理体制是：市城市管理综合执法局下设规划土地、房地产、建筑市场、城建、公用事业等 5 个专业行政执法大队，各大队分设若干中队；市局不直接行使行政处罚权，大队具有独立的执法主体资格，在全市范围内行使各自职责范围内行政处罚权，中队以大队名义负责辖区内的专业执法任务。全市城市管理综合执法实行垂直领导，即大队受市局领导，中队受大队领导。区大队为正处级单位，城管监察人员定为国家公务员，享受公务员待遇。

广州于 1997 年 12 月经国务院法制办批准为城市管理综合执法试点的城市，1999 年 9 月正式组建"广州市城市管理综合执法支队（广州市城市管理综合执法局）"及各区"城市管理综合执法大队（区城市管理综合执法分局）"，同时加挂"城市管理综合执法局"牌子，作为市、区政府在城市管理方面的综合执法机构，综合行使市容环境卫生、城市规划、城市绿化、环境保护、工商、公安交通管理方面法律、法规、规章规定的全部或部分行政处罚权。其组织结构和管理体制为：全市城市管理综合执法队伍按市、区两级设立，市设支队，区设大队，街道由区大队派驻中队；市支队和区大队对外独立行使行政处罚权，街道中队以区大队名义行使行政处罚权。市支队由市政府直接领导，区大队受市支队和区政府双重领导，街道中队受区大队和街道办事处的双重领导。市支队为正局级，区大队为正处级，执法队伍人员依照公务员管理，目前市支队已进行了公务员过渡，人员工资、福利依照公安人员待遇执行。

6.5.2 违法建设者与建设查处方的博弈分析[①]

清华大学的曹珊、苏腾两位学者对违法建设者和违法建设查处方（以下简称"双方"）进行了博弈分析。既然违法建设查处方和违法建设者双方间存在着目标差异和信息不对称，查处就成为一个博弈过程。违法建设查处的对象主要是建设单位的违法、违规行为，而建设单位做出此行为的内在因素是利益驱动。只要预期收益大于预期损失，建设单位就会采取违规行为，反之亦然，这是由经济人的本性所决定的。

假设被查处者违规行为期望损失为 $L_1 = (P_1 + P_2) p_l$，期望收益为 $L_2 = V$。其

---

① 曹珊，苏腾. 违法建设监督检查的博弈分析［C］//中国城市规划学会. 和谐城市规划——2007 中国城市规划年会论文集. 哈尔滨：黑龙江科学技术出版社，2007.

中违法行为被发现的概率为 p_l，P_1 为受处罚的额度，P_2 为受处罚引起工期延长、资金回收慢等负面效应，V 为期望收益，则经营违规行为的纯策略收益为 $L = L_2 - L_1 = V - (P_1 + P_2) p_l$。经营者采取违规策略的前提是 $L > 0$，即 $L_2 - L_1 > 0$。

假定城市规划行政主管部门能够根据每个违法建设工程项目给予适当查处，违法建设者能够清楚地判断出自己的违法建设工程被查处出来后的罚款金额，即 P_1 对于被查处者的信息是完全公开的。当查处力度增大，查处措施周密时，p_l 必然相应提高。在 $L = V - P \cdot p_l$ $(P = P_1 + P_2)$ 中，L 与 p_l 呈负相关关系，则只要增大 p_l，就能使 $L > 0$，开发建设者就会减少违规行为。

假设开发建设者有违法建设和守法建设两种策略，城市规划行政主管部门有尽职监管和不尽职监管两种策略，经营方正常经营

		城市规划管理机构	
		尽职	不尽职
		$1-p_m$	p_m
守法	$1-p_i$	$A,0$	A,B
违法	p_i	$-P,0$	$V,-D$

图 6-8 政府与建设单位关于违法建设的博弈

效用为 A，违规经营的效用为 V，被发现时所受罚款停业等处罚的效用为 $-P$；监管方不尽职监管而从事其他事务的效用为 B，追究其法律责任的效用为 $-D$。在不考虑其他因素的情况下可得图 6-8 所示的得益矩阵，此矩阵没有一个纳什均衡，即没有共同可选择的策略组合，也就是说违法建设查处是一个典型的混合策略博弈①。开发建设者的违法概率为 p_i，其守法的概率为 $1-p_i$；设管理机构的失职概率为 p_m，则其尽职的概率为 $1-p_m$。开发建设者的期望收益记为 U_d，城市规划行政主管部门的期望收益记为 U_a，则有

$$U_d = A(1 - p_i)(1 - pm) + A(1 - p_i)p_m - P(1 - p_m)p_i + V \cdot p_m \cdot p_i$$
$$= A(1 - p_i) - Pp_i + p_m(Vpi + Ppi)$$
$$Ua = B(1 - p_i)p_m - D \cdot p_m \cdot p_i = UA = p_m[B - (B + D) p_i]$$

由此可以得到双方受益曲线图，如图 6-9 和图 6-10 所示。

---

① 博弈论的基本概念包括参与人、行动、信息、战略、支付函数、结果和均衡。参与人是指博弈中选择行动以最大化自己效用的决策主体（可能是个人、也可能是团体）；行动是参与人的决策变量；战略是参与人选择行动的规则；信息是指参与人在博弈中的知识，特别是关于其他参与人的特征和行动的知识；支付函数是参与人从博弈中获得的效用水平，它是所有参与人战略或行动的函数；结果是指博弈分析者感兴趣的所有要素的集合；均衡是所有参与人的最优战略或行动的组合。

如果一个战略规定参与人在每一个给定的信息情况下只选择一种特定的行动，则该战略是纯战略。如果一个战略规定参与人在给定信息情况下以某种概率分布随机地选择不同的行动，则该战略是混合战略策略。

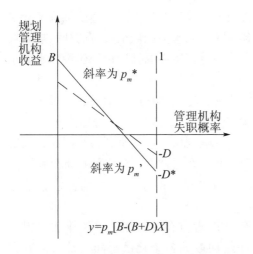

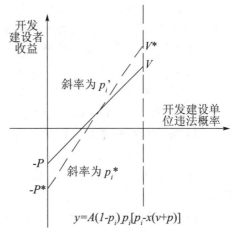

$$y=p_m[B-(B+D)X]$$

$$y=A(1-p_i)p_i[p_i-x(v+p)]$$

图 6-9   违法建设中规划管理机构收益图   图 6-10   违法建设中建设者收益图

从以上博弈过程可以得知，当 B 和 $-D$ 不变时，加重对违规经营者的处罚，经营者预期损失增大，则它会降低 p_m，当 p_m 降低一段时间后，查处者看到违规行为少了，就会疏于查处，由于对查处失职的惩罚 D 没有发生变化，疏于查处也没有使管理机构责任加重，因此 p_i^* 就会上升到 p_i'，而 p_i 上升后，经营者的胆子就大起来，随后 p_m 恢复到 p_m^*，所以加重对经营者违规行为的处罚，短期内可抑制其行为，但长期只能使查处者疏于查处而违法经营情况却不变。而加重查处责任则不然，加重对管理失职的惩处，$-D$ 降到 $-D^*$，则规划管理机构不尽职的概率会降低，随之开发建设单位违法建设的收益降低，会减少其违法建设概率，从而规划管理机构总收益升高。

6.5.3 国外对城市违法建设治理策略[①]

在经济发达国家中，美国的违法建设现象集中出现在家庭住宅改造扩建时，住宅业主自行修建附属建筑，而没有按规定程序办理批准手续，往往是因为希望改善自己住宅的结构，却又不想花费请当地行政机构评估的费用，或者害怕繁琐的申办程序，或者认为申请会被否决。这些没有经过办理正常手续的附属建筑就成了违法建设。美国在治理城市违法建设的方式主要有以下两种：一是制定一整套严格的管理制度和完善的服务系统，防患于未然。美国建设实行建筑许可证制度，住宅业主在对自己的房子进行扩建、改建之前，都必须申请办理许可证批准手续，住宅监理委员会随时跟踪、检查和监督，检查的要求很严格，项目很全

---

① 孙健. 城市违法建设治理问题的对策分析——以潍坊市为例 [D]. 济南：山东师范大学，2008：2-3.

面，如果发现与建筑法规不相符，那么必须进行整改；如果附属建筑被认定会对主体建筑物造成危害，那就有可能被强制拆除。二是美国城市所有的社区规划均通过政府网站向社会公布，使每一位社区居民对其所在的社区规划建设都了如指掌，一旦有人违法建设或违章搭建，社区居民就会举报，城市警察会很快抵达现场进行制止和处理。美国社区居民也普遍认为，违法建设或违章搭建会影响社区的环境和安全，而社区环境和安全的下降或恶化，将造成社区房地产价值的下降，就意味着社区居民私人财产缩水，直接影响到居民的切身利益。因此，社区居民特别关注社区的建设和环境。正因为如此，在居住社区内也就很难存在违法建设或违章搭建的土壤，可以说美国制止违法建设的做法是发动群众、依靠群众。

新加坡治理城市违法建设的基本经验是严管重罚。新加坡的法律法规很健全，这就为城市管理提供了科学依据。在新加坡的各个社区都随处都可以看到"不准""禁止""不能"等告示牌，当居民违背这些规定时，将会受到严厉的罚款，对于运用罚款手段还不足以制止违法的，则合并运用罚款和强制劳动手段，与此同时当事人则会承担相应的刑事责任。在新加坡《规划条例1990》规定违法开发构成犯罪的可能性有两种：一是没有取得规划许可或者违反规划许可批准的条件。二是任何人拒绝接受或者故意阻碍规划部门依据规划条例行使现场检查权力。在这种情形下，违法开发行为人可能被处以不超过 3 个月的监禁。因此，在新加坡很难产生违法建设，正是因为新加坡的严管重罚制度使新加坡的居民养成了良好的遵纪守法的习惯。

第 7 章 │ 效能型规划管理体制整合与设计

7.1　现行规划管理体制模式效能分析及其反思

7.1.1　集权式管理体制模式及其效能分析

我国绝大多数城市的规划管理体制仍是集权式模式①。即绝大多数的规划管理业务集中在市规划局，各区、县、街道、社区发生的问题需经过层层请示汇报后才可以做出决策与判断，并由市规划局及其下属单位为核心主体履行行政许可和实施管理职能。

集权制度是在大型公共物品供给中所常见的制度安排，它在供给与生产两方面的组织关系不同于普通的市场经济关系：在供给上，消费者并非少数独立个人或者集体，而可能是遍布全市域的个人，他们面临的选择是有限的，依赖政府管理者对公共物品供给问题做出决策。在生产上，有赖于另外一组官员在政府内部组织专业化的生产机构，如城市规划局下属的规划设计院等。无论供给还是生产，这两方面官员的职业前途都只仰仗于其上级，上级领导的认可是他们获得职位升迁的唯一路径。集权制度中这种复杂的激励因素会伴生复杂的负面效应，影

---

① 以北京为代表，采用高度集中的城市规划管理体制。1983 年由中央成立首都规划建设委员会，意在以中央自上而下到地方的多级政府协调方式来改变这一现状。其基本职责是进一步加强对首都规划建设的领导，发挥强有力的组织协调作用，使首都的各项建设按照城市规划有秩序地进行。首都规划建设委员会的主要任务是根据《北京城市总体规划》审定北京城市建设近期计划和年度计划，研究审定北京地区的重大建设工程，组织制定城市规划、建设、管理的地方性法规和重要的政府规章，协调处理首都规划建设方面的关系。首都规划建设委员会现由北京市委书记任主任，建设部部长、北京市市长等人任副主任。

1986 年原北京市城市规划委员会建制撤销。2000 年 1 月，北京市规划委员会成立，挂首都规划建设委员会办公室（简称首规委办）的牌子。市规划委（首规委办）是负责本市城乡规划管理工作的市政府组成部门，其主要职责是负责组织城乡规划建设问题的研究，起草或制定相关的政策；参与研究本市经济和社会发展规划；协调城乡规划与近期和年度建设计划的衔接问题。负责总规、分规、控规、区（县）域规划及重要地区城市设计的编制和修订的管理工作；负责上述规划的审查报批和已批准的各项规划的备案管理，并按有关规定审批部分详细规划。依法组织规划的实施，负责各类建设项目的规划管理工作，负责"一书两证"的行政许可事宜。负责组织各项规划实施情况的检查，负责本市各类建设项目的规划监督管理，对违反规划管理法律、法规的行为进行查处。

响到公共物品供给的决策，影响到制度安排的效能。①

新制度经济学认为，衡量不同体制的有效性或者优越性，可以通过观察与之成反比的"交易费用"的高低显示出来，单个交易成本越低，说明该制度越有效。美国新制度经济学专家迈克尔·迪屈奇（M. Dietrich）把交易费用定义为三个因素：调查和信息成本、谈判和决策成本以及制定和实施政策的成本。结合某市城市规划管理体制的现实，分析这些因素后可以发现，该市的规划管理体制存在着较高的交易费用。

7.1.1.1 规划管理体制内部存在较高的交易成本

（1）组织内部信息交流和横向联系的成员之间的协调所需的成本导致横向组织交易成本增加。在集权式管理体制下规划管理机关内部各组成部门之间（如规划科、景观科、建管科之间）缺乏相互的信息交流与沟通，行动上也缺乏彼此协调一致的有效机制，信息的获悉往往是由各科室分别上报上一级管理人员（局长或副局长），由其整合后再分别告知各科室。信息传递路径长，信息容易受到扭曲，而根据扭曲信息产生的决策会进一步导致实施政策成本增加。

（2）层级制管理体制导致纵向组织的交易成本较高。政府层级多，意味着政府获取信息本身成本增加，同时信息在由上至下或者由下至上传递中所费的时间成本也会增加。此外，层级的规划行政管理机关缺乏合理的责任与利益分配机制，现今市政府和区政府的关系已不再是简单的行政隶属关系，而是在一定程度上成为具有不同权力和利益要求的经济主体，因而其行为目标和行为方式就表现出矛盾和差异。城市规划的主要决策和审批权力集中在市规划局手中，而在实践中区级规划部门承担着大量日常事务的管理。权限的有限与地方发展经济的愿望驱动之间自然产生了落差，一方面影响了基层规划部门的工作积极性，增加了调查与实施政策的成本，另一方面也出现了区级行政管理机关越级审批或消极抵抗市局决策而导致政策失效。

（3）受行政框架的约束，规划行政部门在横向上对同级政府负责，在纵向上则接受上级规划部门的业务领导。在纵横两个方向的权力架构下，规划部门面临着"多重委托—代理"的困境。根据美国公共管理学专家詹姆斯 Q. 威尔逊（James Q. Wilson）对政府机构中代理关系的研究②，可以知道规划部门作为代理人，通常要应对多个委托人，这些委托人可能包括同级或上级的政府行政部门、立法部门、利益集团以及媒体等，他们同时试图影响规划部门的决策。通常委托人会给代理人强加的是一系列约束，而不是有力的激励机制，这样代理人就难以

① 郭湘闽. 旧城更新中传统规划机制的变革研究[D]. 广州：华南理工大学，2005：104－106.

② 威尔逊（Wilson）曾经指出在政府机构代理关系中的两个关键特征：一是代理人有多重任务；二是政府机构有多重委托人，即有多个影响政府机构的组织和个体。在政府预算过程中，政府机构也难逃这种厄运，如多个利益集团会对某一公共支出部门的决策施加影响。

做出积极的业绩来。这种纵向和横向影响力不平衡的状况使规划部门在谈判、决策、制定和实施政策中常常面对困扰、遭遇尴尬。

7.1.1.2 规划管理体制外部存在较高的交易成本

规划管理机构与其他行政管理机构、外部利益群体、公众之间存在较高的调查、信息、谈判、决策、制定、实施政策的交易费用。

(1) 某市规划局现行为平行式体制，如表 7-1 所示，它是政府的一级组成局，行政级别与城市建设局、国土局等相同，都直接对市政府负责。这是一种以内部管理运作顺畅为核心的规划管理体制，但是由于没有形成良好的与平行局协作的网络，政府各行政部门之间的横向联络存在着信息交流、计价还价等高昂的交易成本。

表 7-1 某市规划管理体制

规划管理机构类型	行政隶属关系	法律地位	管理效果评价
内含式（规划处、办）	建委二级机构	非一级法人单位受建委委托执法	行政地位低，法律地位低，不利于规划管理，利于部门协调
平行式（规划局）	政府一级组成局	一级法人单位、受市政府委托独立执法	行政独立，法律主体突出，利于规划管理，部门协调较难
二合一式（规土局）	政府一级组成局	一级法人单位、受市政府委托独立执法	行政独立，法律主体明确，联合执法力度大，规划分工强弱不定

(2) 由于忽略了客观世界中无限的信息与管理者有限的信息处理能力之间的差距，在面对无比复杂的社会现象时仍然按照层级—命令式的方法来对待行政相对方，要求被协调的追随者理解信号（政策）并愿意服从这些信号。按照新制度经济学的观点，如果被协调的共同体是复杂的、大型的，那么这种信号就常常会被扭曲和漏失。以自我为中心的单一主观方式与来自市场和社会的众多需求信号形成了尖锐的反差，造成政策谈判、施行顺畅性的先天性缺失。

(3) 当多元化利益主体取代单一的国家或者集体成为城市建设主力时，相应的，可能会带来信息搜寻、谈判、申诉、妥协、补偿等巨大的规划实施成本，而现有的规划管理体制决策、许可、实施管理权力过度集中，将规划的运行视为仅仅在行政系统内单向循环的过程，倾向于只考虑在政府行政系统内部的交易费用，而将规划在现实社会中的运行假设为平滑的、无交易费用的状态，没有注重对社会组织的培育和对已形成利益集团的考虑，这与市场条件下利益诉求的丰富性、多元利益主体的分化博弈态势以及市场进程的动态需求构成了天然的隔绝，加剧了交易成本。

可以这样说，以鲜明的层级制为特征的集权式管理体制，在计划经济时期以来的长期实践中也曾体现过应有的作用，但是在市场经济转型时期，它已日益暴露出与新形势不相适应的弊端，体现出日益高昂的体制内、体制外交易成本。按照新制度经济学通过"交易费用"对制度绩效的评价，集权制的规划管理体制总体效能不高。

近些年，在城市快速发展、行政体制改革、城乡统筹等社会转型背景下，很多城市都对新型的规划管理体制模式进行了探索，其中比较有代表性的是上海的分权式管理体制和深圳的分级垂直管理体制。

7.1.2 分权式管理体制模式及其效能分析

分权式管理体制的核心思想是"官僚机构内部权力向较低层官员的某些分散或临时性的下放，结合提高公民的参与机会"。也就是将集中在上层（市规划局）的管理权限向基层（区县规划局、街道）下放，期冀通过分权和推动政府主导下的公众参与改变以往规划管理权力过分集中的弊端。

按照"事权下放、分权明责"的指导思想，上海市城市规划管理①实行"统一领导、统一规划、统一规范、分权管理"的制度，在中心城区实施"两级政府，两级管理"，在郊区实施"三级政府，三级管理"的分级行政管理体制。为了协调和非城市规划机构之间的关系，设立上海市城市规划委员会②。

上海市城市规划管理局内设 11 个职能处室及办公室、人事处等内部管理机构。作为上海市政府的规划行政管理职能部门，上海市城市规划管理局具体负责由市政府审批的规划组织编制工作；制定控制性编制单元规划；审批控制性详细规划；综合平衡和协调全市的规划编制情况，在全市范围内协调和平衡空间布局、用地配置；审批少数重点地段的建设项目规划许可；对区（县）规划局的审批管理执行情况进行监督。上海市行政区划分为 18 区 1 县，分设区（县）规划管理局。区（县）规划管理局承担区（县）政府组织编制和审批规划的具体工作；审批大多数（85% 左右）土地开发、房屋建设项目规划许可。区（县）规划分局人事任免由区（县）政府决定，市规划局对其无人事干预权，市规划局对区（县）政府批准的"一书两证"也不具体干预，只在特殊情况下经行政复议程序行使否决。

---

① 上海市城市规划管理局. 上海城市规划管理实践——科学发展观统领下的城市规划管理探索［M］. 北京：中国建筑工业出版社，2007：239－242。

② 上海市城市规划委员会 1994 年组建，1997 年又做了一次调整。作为非常设的组织机构，上海市城市规划委员会是上海市城市规划最高层次的议事、协调和决策机构，其成员由市长、副市长和相关委、办、局的负责人兼任，市规划局局长为城市规划委员会办公室主任。城市规划委员会下设办公室、协调仲裁委员会和咨询委员会。咨询委员会又下设经济发展、城市空间与环境、市政交通建设三个委员会。

上海结合规划管理实际探索形成的分权式规划管理体制模式，加强了市级层面的规划决策职能和监督职能，强化了区（县）规划管理部门的规划许可职能，在提高城市规划行政管理效能的同时，降低了信息传递与协调成本，发挥了基层管理部门的积极性，在推进规划实施的顺畅进行方面取得了一定的成效。但是来自理论和实践的进一步观察证明，它并不是真正有效的管理体制。上海各区的城市建设在得到空前发展的同时，因规划管理权力过度分散所带来的种种弊病也日益显露出来：区（县）政府拥有部分财政自主权，争项目、争中心，地区间的同构竞争现象严重，另外由于区规划局有权颁发"一书两证"，以各区基层利益为重的重局部、轻整体现象层出不穷，城市整体的调控能力下降，进而对城市整体发展产生了不利影响。从制度交易成本的视角分析，分权式体制虽然降低了规划决策的制定成本，但是谈判成本和政策实施成本迅速增加，甚至使规划决策偏离了正确的轨道，导致规划管理的整体性失效。

这种分权式的结构变革在本质上只是集权体制的一种表面化调整而已。由于在许多方面并没有发生实质性的变化，因此尽管这些政策对于高度集权的公共物品的供给具有某些潜在的减少交易成本的作用，但许多这类制度变革并未达到预期效果。

7.1.3 分级垂直式管理体制模式及其效能分析

分级垂直式也是针对集权式模式的弊端而创新的一种管理体制模式。深圳市的城市规划管理体制采用分级垂直管理模式，规划行政管理构成城市规划局—规划分局—国土所的体系。

城市规划局是在原市规划与国土资源局、市住宅局的基础上设立的部门，其主要职能是：①组织开展城市发展的战略研究，组织编制全市总规、近期建设规划、次区域规划、分规、法定图则、综合交通规划和市政规划。②负责审批详细蓝图和城市设计并承办市政府委托的规划编制审批工作。③管理、指导全市各类建设项目的规划实施工作，负责建设用地的使用管理，核发"一书两证"。④负责组织对城市规划实施进行检查，对各类建设项目实施规划监督管理。⑤承担市规划委员会的日常工作。规划分局和国土所分别在上一级垂直组织、领导下，参与各项规划编制工作。规划分局和国土所的主要职能包括：①负责组织编制辖区法定图则、详细蓝图，负责城市设计经批准后组织实施。②负责辖区各类建设用地规划管理，受理辖区建设用地申请，依据管理权限，核发"一书两证"。③负责建设工程的规划验收并负责组织对本辖区的城市规划实施情况进行监督检查。

作为市局的派出机构，规划分局受市规划局和区政府的双重领导。业务上受市局直接领导，区政府予以配合。干部实行垂直管理，分局的主要领导由市局提名，征求区里意见后，由市任命。即在纵向上由上级规划部门掌握下级单位的人事任免权，在人力资源配给上又有着向基层部门的倾斜，在横向上强化了权力的制约和规划反馈机制，在顺应分权和精简的国际行政改革大趋势下，这种模式有利于适当地抑制分权带来的整体调控能力和大局观下降的弊病。

分级垂直式的管理体制对深圳市的规划管理起到了很大推动作用。下一级是上一级的派出机构，这样保证了规划管理落实的快捷和规划成果层层落实不走样，基层政府参与辖区的规划编制与审批工作，又有利于规划管理与城市具体各地段的实际情况相协调，保证局部利益和整体利益的协调，大大降低了规划管理体制的信息传递、层级谈判、区间协调和实施政策的成本。某种程度上可以说，分级垂直式的管理体制是迄今为止较为成功的模式。

但仍要指出的是，规划管理部门是与地方社会经济发展具有密切关系的部门，当地基层政府对规划行政调控权实质性影响的削弱会对市场机制下大量的多元博弈进展效率产生影响。在市场条件下，多元利益的博弈不仅反映在市场主体之间，而且实际上也普遍存在于政府内部各部门之间，尤其是条块部门之间，这需要一种客观的实质性的优化。期望通过加强垂直管理来回避或者遏制这种内部的竞争与碰撞其实是不必要的，相反，正是这种内部"交易成本"的存在提醒我们，建立一种有助于减少内外部管理摩擦、从根本上降低交易费用而不是规避交易费用的体制结构是十分重要的。

7.1.4 对现行规划管理体制几种模式的反思

关于城市规划管理是集权还是分权的探讨，是近年来业界在管理体制方面的研究热点，笔者对几种现行模式进行剖析，如图7-1和图7-2所示，并应用新制度经济学方法对三种模式的效能进行了评价，如表7-2所示。虽然三种模式都在不同的绩效评价方面各有所长，但是仍可以得出如下结论：无论集权分权还是分级垂直都是一元主导的规划管理体制，都倾向于忽略多元化的需求，将规划在现实社会中的运行假设为平滑的无摩擦、无交易费用的状态，差别只是在规划行政权力在于市局还是区局。同时，规划管理体制内部也客观存在着高昂的信息传递成本，即使规划部门能够获得来自公众的意愿信息，但由于没有充分的沟通机制，要使这些信息有效影响那些没有任何竞争压力的垄断性公共行政机构也是极其困难的。此外，高层次的行政机构也面对着对下属工作监督成本极高的难题，这也是行政机构中普遍难以逾越的"委托—代理"障碍。可以说，以自我为中心的单一规划调控方式造成规划管理体制的高交易成本与行政低效，更为关键的是单向化的思维方式会影响规划决策判断的准确性并进而影响规划行政许可、实施管理过程的有效性，甚至导致行政失效。

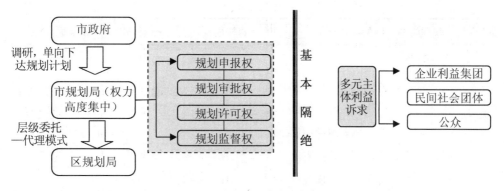

图 7-1　集权式规划管理体制模式

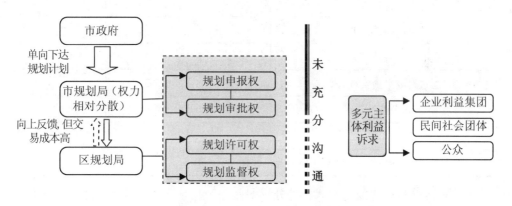

图 7-2　分权式规划管理体制模式

表 7-2　应用新制度经济学方法评价规划管理体制的效能

规划管理体制的绩效评价			集权模式	分权模式	分级垂直模式
间接绩效标准，供给成本					
转换成本			H	M	L
交易成本	协调成本		L	H	M
	信息成本	时空信息	M	H	M
		科学信息	L	H	L
	策略成本	搭便车	H	L	M
		寻租	M	H	L
		腐败	H	M	L
间接绩效标准，生产成本					

续表

规划管理体制的绩效评价			集权模式	分权模式	分级垂直模式
转换成本			L	H	M
交易成本	协调成本		H	M	L
	信息成本	时空信息	H	L	M
		科学信息	L	H	L
	策略成本	规避责任	H	L	M
		腐败	H	M	L
		逆向选择道德危害	L	H	L
总体绩效标准					
经济效率			1	3	2
通过财政平衡实现公平			1	3	2
再分配公平			3	2	1
责任			3	1	2
适应性			3	1	2

注：L：低　M：中　H：高；1：高　2：中　3：低。

公共选择理论指出，一元主导体制绝对的、垂直的命令的服从机制不仅不利于行政效能的提高，而且政府对规划公共服务的体制内垄断导致产出的非市场性，必然使公共机构缺乏竞争，缺乏降低成本的动力，从而变得没有效率或者低效率。一元主导体制内规划管理权力过度集中在行政系统的内部，使得规划的运行基本上成为仅在体制内单向循环的过程，成为与市场条件下利益诉求的丰富性和市场进程的动态需求之间的天然屏障，造成规划行政管理工作的失效和乏力①。

可以这样说，一元主导秩序在规划运行中遭受挑战，集权、分权或者分级垂直都不能解决核心问题。目前我国城市规划的管理体制需要思考的不只是根据现行的制度环境和城市自身特点选择适合的框架模式，而是怎样进一步打破体制内

---

① 与之相反，在规划管理体系的构建方面，高效能的美国凤凰城的规划管理体系十分强调公众参与，形成了政府与非政府组织共同治理的规划管理体系，即除政府行政管理机构外，还设立了一系列参与立法及执法的非政府机构。委员会成员大多是具有专业知识的市民志愿者，通过申请由市议会正式任命，其成员构成、选拔条件、任期、权力与责任都是法定的，保证了多元利益主体参与规划管理的全过程。这种方式值得我们借鉴。

部之间、体制内部和外部之间的预设界限，设计一种真正能够应对经济社会整体
变迁、行政体制改革潮流和指导城市规划实施管理的框架，并且体制的变革不能视
为权宜之计。新制度经济学的研究表明，在制度变迁中存在着报酬递增和自我强化
的路径依赖现象，它使得制度一旦步入了某种路径，就会沿着既定的方向实现自我
强化。如果变革失效，它们就很难再被其他潜在的甚至更优的体系所取代，会
"锁在某种无效率的状态之下。一旦进入了锁定状态，要脱身而出就会变得十分困
难。"（诺斯）既有方向的扭转，往往要借助于外部效应，因此规划管理体制的主
体必须打破单一封闭的行政力量，引入外生变量。

7.2 效能型规划管理分制度的体制整合

7.2.1 效能型规划管理分制度体制设计要点

效能型规划决策管理体制、许可管理制度、实施管理制度分别从各自角度提
出了对规划管理体制的要求。

7.2.1.1 效能型规划决策管理制度设计要点

我国现行的规划决策管理的制度缺陷主要表现为没有多元利益主体参与决策
的制度安排和有效的实施机制，无法实现帕累托效率；决策者的信息与权责不对
称，导致决策过程中的成本与失误概率加大；非程序化决策所占比重过大，其所
采取的精英决策模式导致群体决策流于形式；行政体制内自定规则、自我监督为
寻租提供了可利用的空间。综合而言，这些缺陷主要归因于决策中心化和决策封
闭化，即规划决策是在行政系统内部单向无反馈的线性过程，规划最终决策权掌
握在地方政府或其行政主管部门的封闭行政系统内，忽略了政府与外部世界的互
动。更为重要的是，即便是在行政系统内部，规划决策权力也过分集中，实质决
策主体单一化、集权化，行政首长在决策过程中常常扮演着中心人角色。

制度解决方案是变一元封闭式决策管理模式为行政—技术—市场—社会多元
开放式博弈决策模式；变中心化的决策组织结构为均衡网络的决策组织结构；合
理运用程序化决策与非程序化决策，规范决策程序。基于此，效能型规划决策管
理制度范式设计的思路为：实现多元主体群体决策，推进决策权的均权与转移；
清晰决策权划分，法规决策权（和行政决策权分置）由市政府和规划局转向市
规委会，形成均衡网络的决策组织结构；规范决策程序，实现精英式的个体决策
向程序化的群体决策的转变，构建多元开放式博弈决策模式。在中国特色的人民
代表大会制度和人大—政府授权体制框架基础上，依托各城市基本都已建立的规
划委员会制度进行优化设计，构建实体化的法规决策机构。

7.2.1.2 效能型规划许可管理制度设计要点

现行的规划许可管理的制度缺陷主要表现为自由裁量权运作空间偏大；自由
裁量缺乏明确的操作规则、程序设定，缺乏有效的监督与纠错机制；规划许可采

用"业务流程式"的组织模式引发低效与失效。综合而言，这些缺陷主要归因于行政自由裁量权失控和职能型机构组织模式的失效。行政自由裁量权的失控为权力行使者改变自由裁量的价值取向，使自由裁量变为"自私裁量"乃至寻租成为可能，使行政自由裁量从提高行政效能的手段变质为降低效能的祸端，并有可能滋生贪污腐败、以权谋私的行为。职能型组织结构常常会因为追求职能目标而看不到全局的最佳利益，没有一项职能对最终结果负全部责任。由于不同职能间利益、视野相互隔阂，导致各职能部门之间不断发生冲突，制度的时间成本、生产成本、交易成本和转换成本均加大。

制度解决方案是适度赋予自由裁量权限并选择合适的方式控权，实现实体控权与程序控权的协调统一；构建权责一致的对自由裁量的监督和纠错机制；职能组织模式由"业务流程式"走向"任务驱动式"。基于此，效能型规划许可制度范式设计的思路为：充实完善自由裁量的控权依据，即完善公共和具有法律效应的规则、通则与规定，对权力运行形成有效的规范和制约机制；完善效能导向的注重行政双方"交涉性"与"反思性"的审批流程设计；创新降低行政相对方的维权成本、提高维权效率和加大自由裁量的违约成本的监督与纠错制度，落实任务驱动式的职能组织模式。

7.2.1.3 效能型规划实施管理制度设计要点

现行的规划实施管理的制度缺陷主要表现为专业部门监督不能及时、全面地掌握违法建设信息并采取强有力的手段控制违法建设；无法形成监督违法建设的积极合力；违法建设利益达成的成本过低而违法获利巨大；主干法律不够严密，行政法不能适应规划实施管理的实际，行政执法人员寻租成本低加剧了监督管理低效。

制度解决方案是构建多元化网络化的监督体系，由单一部门监督走向多元监督主体的整合，推行协同多样的治理策略，多途径参与规划实施管理；采用行政综合执法模式保证监督管理的行政强制执行力；完善规划实施管理法规，配套实施机制和行政监督法制体系，明晰法律界定的相关内容，提高违法建设的利益达成成本和行政寻租成本。基于此，效能型规划实施制度范式设计的思路为：构建检（行政检查）监（行政处罚）管（行政执行）相对分离、多主体（规划部门、社会团体、基层自治组织、新闻媒体、属地公众、行政综合执法部门、司法机关、纪检监察部门、金融部门）、多层次（事前、事中、事后）、多种手段（行政手段、属地管理手段、经济手段、法律手段、公众参与手段）具有回应性的网络化管控的全程监督体系。

7.2.2 效能型规划管理分制度的体制整合策略

规划管理体制的创新涉及决策、许可、实施管理运作的全过程，因此，规划管理体制设计应该对规划管理全过程进行整合。规划管理体制变革不能在短时间内一蹴而就，人们在制度转型期需要在各个领域中推动部分的变革，在制度变迁的过程中最多的情形是某几项相互依存、互为条件的体制同时开始了变革并处于变革过程之中。三项分制度体系 A（决策）、B（许可）、C（实施）处于变革之中的演进路径如图 7 - 3 所示。

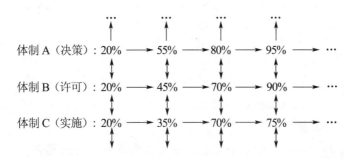

注：图中的百分比值表示在各个时点上每项体制变革的完成比例（随机假设）。

图 7 - 3   分制度体系整合演进策略

图 7 - 3 能够带给我们最大的启示是想要获得最小的熵值，即高效能的体制变革，需要保持分制度之间的相互反馈的和谐关系。在各体制间的相互联系中，不仅存在均衡经济学所强调的负反馈信号，更重要的是它们之间还彼此接受正反馈信号；一项体制的逐步推进为另一项体制的推进提供条件从而取得了进步，反过来，另一项体制的进步也为该项体制进一步的完善创造了前提，两者不是此消彼长的关系，而是相互促进、相互协调的和谐关系。相反，如果不同体制间的变革路径由于某些人为干预变得不协调，制度熵值就会增大，则整个制度结构的效率就会受损。

基于以上原则，高效能的规划管理体制需要寻求的分制度体制整合策略，是规划决策、规划许可、规划实施各项管理制度的契合点与交集，规避其相互矛盾与不协调的方面，优化整体的管理效能。

7.2.3   效能型规划管理体制整合框架

7.2.3.1   构建多中心开放的规划管理体制框架

针对一元主导的单中心、封闭的管理体制引发的矛盾，新公共管理的"多中心治理"模式提供了一个迥异于传统的、可以实现较高绩效的视角。

从定义上说，一元主导的管理体制是决定、实施和变更法律关系的政府专有权归属于某一机关或者决策机构，该机关或机构在特定社会里终极性地垄断着强制权力的合法行使。而多中心开放的体制意味着地方组织为了有效地进行公共事务管理和提供公共服务，实现持续发展的绩效目标，由社会中多元的独立行为主体（政府组织、商业组织、公民组织、利益团体等）基于一定的集体行动规则，通过相互博弈、相互协调、共同参与合作等互动关系，形成多样化的公共事务管理制度或组织模式。对于政府部门而言，多中心治理就是政府从统治转向掌舵；对于非政府部门而言，则是从被动和排斥到主动参与的变化。应该指出的是，多中心不仅仅是由多个互不关联的决策中心取代了原来的单个决策中心，而是由众多不同利益的多元利益主体，通过沟通、协商、博弈、妥协，达成合作的战略目标与策略，寻求高效能的公共问题的解决途径并将其制度化。基于"多中心治理"模式的管理体制就是通过制度化的合作机制，在合作博弈中相互调试目标、增进信任、降低摩擦、提升效能。

由于多中心治理立论的四个理论命题与城市规划管理的契合性①，本书借鉴

---

① 多中心治理立论的四个理论命题：

第一，多中心的公共行动体系。合作网络治理模式以人类生活在一个相互依赖的环境中和资源稀缺为分析的事实假设（城市规划实施以资源稀缺的"土地和空间"为对象），因此，公共事务的完成是相互依存的管理者，即政府部门、私营部门、第三部门和公民个人参与者组成的公共行动体系通过交换资源、共享知识和谈判目标而展开的、有效的集体行动过程。

第二，反思性的"复杂人"假设。合作网络模式认为公共行动者在不确定的风险社会，不可能获得相关公共问题的所有信息，不可能拥有处理信息的完备能力（市、区两级的规划行政机构经常性掌握信息不完全，处理信息能力乏力），也不可能绝对理性地进行决策选择。行为主体有着复杂的动机，但行为者能够通过对话机制交流信息，克服有限理性的欠缺；能够通过合作和合约机制，将行动者锁定在利害相关的网络中，减少交易费用提高效能。最重要的是，通过反思性决策，政府与非政府部门学会约束自己的欲望，在利益互惠的基础上采取合作行动实现共同利益，以避免决策失效。这种合作博弈使得行动者可以通过持续的对话调整各自的行为，追求参与者都可以接受的结果，以减少体制内外的摩擦。

第三，合作互惠的行动策略。根据博弈理论的研究结果，在许多重复出现的博弈中，合作策略是最有效率的利己战略。经过多次博弈，参与者之间倾向于建立面向长远的互动关系，即当博弈各方协调一致去寻找有利于共同盈余的战略时，就会出现协同性的均衡状态。在网络合作治理中，为扩大从集体行动中获利的空间，参与者在不断的互动中会逐渐放弃"吃独食"的策略，更多地采取合作互惠的行动策略，这也是规划管理体制所追求的。

第四，共同学习的政策过程。网络治理中拥有约束力的制度是公共行动者共同学习的产物，而不是单中心模式中政府自上而下的安排（城市规划作为公共政策，应反映多元利益主体的诉求）。这意味着集体行动变成一种自下而上的过程，成为由参与特定制度问题的相互依存者的公共、准公共的个人行动者所组成的制度网络。在这个网络中，各种治理主体通过对话协商、交流信息、谈判目标、共享资源、减少分歧、增进合意，产出制度并确保制度的落实。

以上内容参考孔繁斌. 公共性的再生产——多中心治理的合作机制建构［M］. 南京：江苏人民出版社，2008：31－33.

"多中心治理"体制理论构建全新的城市规划管理体制①，其包括以下五个方面。

（1）城市公益物品和服务在生产方式和消费方式两个方面的差异都很大，判断公共服务供给的制度优劣应视其绩效如何。在城市规划这样的公共服务领域中，要求社会组织和公众积极地参与协作治理，来补充规划行政管理者的不足之处。重视多元力量作为协作生产者在公益物品和服务提供中的重要角色，基层规划管理人员和大众不是像以往那样被动地等待上级规划管理部门的决策，而应该扮演积极的角色，安排所希望的公益物品和服务的协作生产，并要有保障公民和社会组织积极介入管理的条件和制度。

（2）多元独立及组合决策主体的利益是多元的，因此应突破单一行政成本的测算，纳入对不同利益主体交易成本的考虑，即将各自独立的多元利益倾向、互动中可能存在的策略行为以及信息传递中的交易成本等都在其运行中给予考虑。

（3）具有较高绩效的制度安排组合应提供一个框架（包括实体性与程序性框架），让这些独立的多元主体围绕特定的公共问题，按照一定的规则与程序，采取弹性的、灵活的、多样性的集体行动组和寻求高效能的解决途径。在这种多中心的秩序中，选择性的制度安排应该被加入进来以灵活地改进和提升运作效能。

（4）多元利益在治理行动中通过冲突、对话、协商、妥协，达成平衡和整合。有和谐就同时有冲突，因此对于多中心治理体制来说，要协调好体制内多元主体之间的冲突，就必须引入一定的制度安排。建立解决多元利益主体冲突的协调机制，如可以通过相互之间的契约安排、竞争性安排以及利用更高层次的政府或单设的机构来协调基层社群之间的不同利益诉求。

---

① 郭湘闽关于多中心理论的假设：

第一，城市公益物品和服务在生产方式和消费方式两个方面的差异都很大。在教育、警察服务和我们所研究的城市规划这样的公共服务领域中，都要求公众消费者积极地协作生产，来补充生产者的不足之处。

第二，在公益物品和服务方面具有共同偏好的人倾向于聚居在一起。

第三，在享有多个管辖单位服务的城市地区中的居民，通过观察或者听说其他管辖单位如何解决问题，比较了解附近任何一个管辖单位的绩效。

第四，具有不同组织范围和规模的多个管辖单位使得公民比较有效地选择对于自己来说最为重要的"一揽子"服务，使公民能够较为有效地表达其偏好和忧虑。

第五，多个管辖单位有利于实现财政平衡，使受益者承担成本。再分配最好由城市或者城市以上级别政府这样非常大规模的政府单位负责。

第六，大城市地区可能存在大量的城市公益物品和服务的潜在生产者，使得政府官员能够为公众有效地选择生产者，并通过与其他生产者签约来约束绩效较低的生产者。

第七，努力争取得到续约的生产者将较有可能寻求创新性的技术，在接近最优的生产规模上经营，并鼓励有效的团队生产和协作生产，以提高其绩效。

（5）在多中心开放的规划管理体制中，政府治理策略和工具应向适应治理模式要求的方向改变。在政府管理从指令型管制型走向公共服务的今天，规划管理部门不仅需要重新界定职能和把多元利益群体纳入主体考虑，而且即使对于那些必须由政府承担的职能和负责提供的公共服务，也必须强调社会公众至上，以效率、服务质量、公共责任和人民群众的满意程度为公共行政绩效的评价指标，以较低的成本来提供最有效的服务。

7.2.3.2　构建决策、许可、实施相对分离的组织架构

针对现行城市规划局集决策、许可、实施管理于一体的综合角色引发的寻租、设租，行政效率低等组织性失效①，依据本书第 4 ～ 6 章节对规划过程中决策、许可、实施管理环节相对独立的分析，参考旨在效能优化而进行了规划管理制度再选，并取得卓越成绩的美国凤凰城规划管理组织架构（决策与执行分属不同政府部门②），适当地将过于集中的规划管理权力分权与转移，既包括规划行政管理系统内部的上移、下交，也包括政府机构向人大机构的转移以及向体制外组织的转移，可以有效防止规划管理过程中自谋自断、自行其是、自我监督等封闭体系的弊端，规避权力异化与权力寻租。

在对制度设计与制度环境的关系探讨中得知，规划管理制度与政府的行政制度改革密切相关，作为近些年我国行政体制改革正在探索的一个积极方向，行政三分制将行政权按功能纵向分解为决策、执行和监督三项职能，在"三权"——决策权、执行权、监督权相对分离的基础上，形成相互制约又相互协调的政府管理框架。具体而言，就是在事务分析、职能分析的基础上，以大行业、大系统的方式设立若干决策局，决策局负责制定政府的法规、政策、办法。就每个决策部门的关联业务设置相应的执行局，执行局行使审批权和执行权。执行部门和决策部门之间是绩效合同关系，按照决策部门的法规、政策、办法运作，实现决策部门规定的责任目标和任务。此外，还设立相对独立的监督部门，包括监察局和审计局，专司督察之职直接向行政长官负责。在此基础上，建立3 ～ 5 个公共行政管理系统平台，作为所有政府部门共享的内务系统和服务系统。同时，积极发展社会服务系统，培育中介组织和其他社会公共组织，配合"行政三分制"推行。行政三分制变革的趋势很可能触动对现行规划管理体制的修正。

---

① 在行政集权体制的基础上，将行政权力按照职能部门的要求分配到不同的机构，在收获到行政专门化的效率的同时，也产生了部门权力的逐渐加重乃至专权的后果。部门专权使得部门成为中央权力的实际掌握者，在监督体系不完善的情况下，部门在整个国家体系中形成"部门黑洞"，即外部对部门内部的权力运作没办法了解和监控，国家利益在这种体制下成为部门利益，大量地消融在这个黑洞中，引发大量的设租、寻租现象。

② 详见第 2 章，国外规划管理制度的经验借鉴。

　　基于以上两点，城市规划管理的职能机构设置与权力分配也应作相应的调整，即通过制度设计优化权力配置，在科学界定政府职能和权限的基础上，按照分工制衡的原则，对重要规划权力的行使进行适当的分解，特别是对行使权力的重要部门和关键环节，有必要在部门之间进行分权或分工，使分解后的决策、许可、实施管理权力之间互相配合、相互牵制，防止因权力过分集中又不受制衡而产生权力异化。具体来讲，就是改变现行管理体制下城市规划局集决策、执行、监督于一体的综合角色，按照决策（规划法规决策）、执行（规划许可）、监督（规划实施管理）职能相对分离、制约又协调高效的原则，对城市规划委员会、市规划局、区（县）规划局、街道规划管理办公室、规划上诉委员会、社区与公民组织等的职责与权力进行适度的整合与划分，这样，部门的职能将被重新定位，由全能型转向有限型，由免责行政走向责任行政①，由运动员、裁判员合一的权威型转向服务型，由部门性走向公共性。

　　在这种相对独立的组织构架中，需要强化决策机制与监督机制。现行规划管理体制的权力配置实质上是以执行为核心的结构，决策与监督管理运行得不到位。当市场经济带来了利益多元化后，决策必须回应多元化利益，而多元利益下的决策与一元利益下的决策是不一样的。公众要参与、要博弈、要论证、要平衡，这就要求决策要有一套"游戏规则"来保证科学民主，专家、公众、相关利益群体参与行政决策的途径如何保持畅通，需要认真考虑。另外，监督机制的完善也成为三权分离后的另一重大问题。如何对决策和执行部门实施有效监督是一个不容忽视的难点，如何把有效监督最终落到法律制度上，防止把外部协调变为内部协调、把监督架空，怎样明确权力的边界与底线，如何确保监督的开放性、完备性都是应予认真考虑的问题。

　　还需要注意的是，由于决策、许可、实施管理在城市规划管理过程中往往是针对同一客体而展开的，它们之间有着一定的顺序性和反馈性，因此，效能型的城市规划管理制度设计应考虑其在相对分离基础上的互动关系，各部门的职责划分和运行机制，是有弹性的，强调互动的，强调行政权力系统内决策、执行与监督的互相制约与协调。比如执行要贯彻决策的意图，但也可制约决策，反馈执行中发现的决策问题，促使决策部门适时对决策进行调整；如果决策不科学，执行者在与决策者签署决策——执行合同时就可以讨价还价，以推动决策的科学、有效。而作为监督权能，更应该起到协调、制约之功效，以使决策与执行这两种直接关乎行政相对方利益的权能都能规范、高效行使。

　　① 行政三分制下，决策、执行、监督各自的权、责、利关系明确，即当政府机关及其工作人员依法行使行政权力管理公共事务时，相应地必须承担行政责任。政府机关及其工作人员，除了对执政党负政治责任、对国家权力机关负执行责任、对上级政府机关负行政责任外，还必须对公民和社会负公仆责任与法律责任。

7.2.3.3　确定各规划管理机构权责及任务驱动的运行方式

行政机构权力与责任之间覆盖不对称，以及采取的条规驱动的职能型组织运行模式，是现行规划管理制度整体效能不高的又一核心原因。如何界定权责关系，选择何种组织运作模式来为规划管理提供一个高效的、系统的、紧凑的新范式是我们要解决的体制问题。

基于追求政府行为高绩效的目标，重塑政府理论切中政府管理体制的组织和运作过程中的弊端，指出产业革命以来形成的以"集权式的科层化组织和标准化服务"为特征的政府管理模式，因效率原因，对于快速发展的信息挑战已逐步显得无力。重塑政府理论认为，导致"政府失败"现象的主要根源和实现政府高效的关键点都是手段，这一手段即我们通常所说的制度安排或规则设计，其核心思想是通过制度设计来实现行政组织的高效运行，因此，其对于我们探讨城市快速发展下效能型规划管理体制具有借鉴意义①。在机构权责划分及其运行新模式方面，我们至少需要在以下方面优化：

1. 重新界定政府职能：是掌舵而非划桨，权责均衡

城市政府不再是"大而全"的职能机构，其在管理中主要起催化和创造条件的促成作用。政府应广泛与经济的和非经济的社会组织、私营的和非私营的企业、营利的和非营利的机构结成提供社会服务的合作关系。政府应从私人领域、竞争性领域、微观领域转到公共领域、非竞争性领域、宏观领域，承担起公共服务职能；并且应该从直接的、行政的、参与式的、人治式的、随机式的管理转到间接的、经济手段为主的、裁判式的、法治的、规范程序化的管理，实现政府对社会公共事务的善治。

政府的公共权力来自于公民对权力的转让和委托，政府必须明确责任，强化责任。政府在实现其自身职能的过程中，不仅行使权力，更应懂得承担责任和义务。政府应当培养行政人员明晰的责任感，重要的是驾驭方向，而不是发挥动力作用。政府既代表权威，也代表责任。

2. 改变条规驱动的机制，创建任务驱动的公共管理部门

不同的公共管理部门间的政府行为和绩效虽有差异，但共同的特征是"绩效获得社会认同的公共部门，其管理模式和方式是以任务驱动为核心的"（奥斯保恩和孟德勒）。目前大部分的政府部门和组织不是被其基本任务所驱动，而是被规章制度、条条框框和预算的限定所驱动。它们将僵化的条规和办事程序应用在任何事情上和任何部门中，部门的分工往往划分了权力范围，使机构的基本任

---

① 正如《重塑政府》一书的作者所说："那种在大工业时代建立起来的政府管理模式，反应迟钝、官僚集权、先入为主、条令繁琐、层阶控制，在今天变得臃肿、耗费而低效。20世纪三四十年代设计的层阶的、集权的官僚体制，面对日新月异、信息纷繁、知识爆炸的20世纪90年代的社会已是力不从心，它将被新的公共机构取而代之。"

务变得模糊，各部门、各科室制定的条规都有其充分的依据，但整个机构的服务功能被分割和不连贯，综合效果不佳，工作运转呆滞和低效。

相较而言，任务驱动的公共部门关注于任务本身、任务的完成和规则实施的绩效。在基本任务驱动的机构里，行政人员根据基本任务，采用他们所能找到的最有效的方法去达到目标，同时机构里要创造自己的文化氛围，明晰机构的基本目标、价值观和建立行为楷模，将机构的基本价值概念通过各种活动，深深印在行政人员的意识里。基本任务驱动的管理运作方式无疑更有效率，会取得更好的结果，使公共部门本身具有充足的激励主动，更鼓励变革，更加灵活。其要求管理者更具责任心，对不断变化的环境高效回应。创建任务驱动的组织常常通过创建、分割与转移的机制①来完成使命。根据城市发展的变化不断调整公共部门的使命，并将具有相同使命的任务合并或综合。

3. 从层阶集权管理到被授权的团队合作

集权机构的出现是与社会条件密切相关的。在工业时代，信息技术处于原始状态，人们之间的交流缓慢而不便，相对于今天，政府管理人员所受教育程度比较低，因此，大工业时代的人们习惯于大机关、大机构式的集权的、层阶的管理，并且有足够的时间等候信息的积累，等候指令通过层阶的指令链自上而下地传递。

但今天社会条件已经发生根本变化，现代信息技术高速度地传递大量信息，瞬息万变的社会和市场迫使管理者迅速分析大量资料并做出回应。面对巨大的信息量和业务工作量，仅靠个别领导者占有信息、分析判断并做出应对已是不可能，必须依靠分权与合作的方式。效能型的规划管理体制应该勇于开拓分权管理方式，或授权予社区，建立社区拥有的政府，向社区授权而不是提供服务；或在那些边缘管理区域放权予非政府部门的社会服务机构，在机构内部，管理者通过技术进步，扩大管理涵盖面，增强管理能力；或授权给基层，逐步消减中间管理层次，取而代之的是被授权的团队合作的结构。

7.3 效能型规划管理体制设计

7.3.1 效能型规划管理体制设计的基本原则

7.3.1.1 在现行规划管理体制基础上的可实施的改进

从制度设计的角度分析，任何制度的创制，都是一种既定社会现实条件下的"有限"创造行为，制度是逐渐演化而非发明创造出来的。同时，制度的变迁、选择、设计、创新是需要成本的，有着一种对原有体制框架、具体制度、实施机制"路径依赖"的特性。而且，在现今所处的转型时期，规划管理制度设计不仅仅是设计正式制度的过程，还是一个重新设计社会话语、政治话语和价值伦理

---

① 即将大组织分化成小组织，来实现目标的运行机制。

的过程，是一个使新的制度与新的话语完全匹配的过程。

从制度环境对制度设计影响和制约的角度分析，虽然，随着利益多元社会的形成，公共决策或集体决策不应该是"根据公共利益进行选择"① 的过程，而是集团间或组成集团的多元个体间相互讨价还价、妥协与调和的过程。现行的管理体制出现了决策低效与失效、执行阻滞、组织制度运行低效、设租寻租现象频现等诸多效能问题，但其是与现行的行政制度框架基本匹配的，作为行政管理的重要组成部分，效能型规划管理体制变革不可能脱离行政体制改革而"单兵冒进"，制度环境的演进与现有的体制基础应成为规划管理体制改革的逻辑起点。

鉴于此，效能型规划管理体制的设计应该在体制的大胆革新与对现有管理体制的延续之间找到合适的平衡点。

7.3.1.2 符合管理效能优化的一般规律

1. 以管理效能递增弥补行政效能递减

任何一种行政管理的制度、政策和方法在行政组织的执行过程中，由于各种要素的变异，都会遵从行政管理效能递减直到不能发挥作用而需要新方法去替代的规律。这个规律在行政管理过程中受到组织结构、信息渠道、环境变化、政策因素、人的因素等五个要素的制约②。与行政效能递减规律相反，管理效能递增规律促进组织结构从无序向有序发展。使管理效能递增规律发生作用的条件是：①组织必须是开放的系统；②组织内部多要素之间存在非线性的相互作用；③组织外部环境的变化达到一定程度；④组织内部同外部环境不断地进行物质、能量、信息的交换，从而使效能递减规律失效。

2. 适度的管理幅度与行政管理层级

行政组织结构设置是否合理，直接关系到行政效能的发挥。在一定的行政环境中，行政组织结构应有一个理论最佳结构状态，其管理幅度和行政管理层级都应适度。在可能的情况下，高效能的组织内的管理层级应尽量少。因为这样：①可以减少管理人员，节约管理费用；②可以加快信息沟通，减少信息传递中的遗漏和失真，有助于提高管理工作效率；③上下级直接接触，增进共识，消除隔阂，加强指导，提高领导工作的有效性；④有利于扩大下属的管理权限，调动下属人员工作的积极性、主动性和创造性，提高其管理能力和管理水平；⑤可以克服机构庞杂、公文旅行、文件过多、官僚主义等机关过多综合征。值得

---

① 公共选择理论创始人、诺贝尔经济学奖获奖者——布坎南（S. J. Buchana）指出，公共决策或集体决策并不存在"根据公共利益进行选择"的过程，而是集团间或组成集团的个体间相互讨价还价、妥协与调和的过程，公共利益的最优化应该是"契约"的结果，而不是"选择"的结果。详见第2章文献述评。

② 毛昭晖. 中国行政效能监察——理论、模式与方法［M］. 北京：中国人民大学出版社，2006：29 – 31.

注意的是，如果管理层次过少，也会影响管理的有效性。管理层次并不能随意减少，而是要受到有效管理幅度的限制。行政组织的管理层次与管理幅度关系密切，在组织规模一定的情况下，管理幅度的大小与管理层次的数目成反比例关系，扩大管理幅度就意味着减少管理层次，反之亦然。管理幅度窄小，则管理层次增加，管理的效率降低，其组织结构呈金字塔形；管理幅度宽大，则管理层次减少，但管理的难度加大，其组织结构呈扁平状。因此，在一个特定的行政组织内，行政幅度过大或过小，行政层次过多和过少，都会影响行政效能的发挥，必须根据适当的管理幅度确定与之匹配的管理层次，保持它们之间的适度均衡。

3. 清晰的职能分工与必要的权力重叠的平衡

杜绝权力寻租、防止腐败是行政效能优化和规避行政失效的制度关键点。在利益的冲击下，即使在有效的行政监督下，规划行政权力的滥用和腐化时有发生，使规划行政行为受到质疑，给城市建设的管理带来了极大的阻力。如果每个公职人员掌控的是一个界限鲜明的势力范围，且在这个范围内拥有排他性权力，那么腐败的社会危害将达到最大值。采用权力重叠，设立公职人员管辖范围的交叉重叠区域，是避免行政失效、平衡行政权力的一个有效办法。公共权力的交叉重叠既包括纵向的重叠，也包括横向的交叉。虽然权力的重叠与交叉将大大减弱公职人员与私人利益集团讨价还价的能力，但由此引起的交易成本必然会增加，这与职能明确分工的要求又有很大的冲突，容易带来交叠部分职能的推诿扯皮。因此，要找到职能分工与权力重叠的平衡点。在本书的规划管理体制构建中，笔者考虑横向上的职能明确分工，纵向网络上的部分重叠与交叉。

纵向网络的"权利重叠"是为限制或避免"权力寻租"导致腐败萌生为目的的制度设计，是摆正城市规划机构社会性效能的一个重要渠道。寻租的收益取决于政府产品的稀缺性和公职人员的权力。如果同质的政府提供的产品不是由一个机构垄断，而是由多个不同层次的机构（纵向网络）在其中承担工作，那么规划人员的权力也就相应减弱，彼此监督与制约的结构就会相应形成。引入一种旨在利用政府内部压力抑制寻租的竞争性系统，是达到上述目的的关键。在这种系统下，每个机构都有权获得某种利益，且各部门的行政人员都很难在不被发现的情况下给某些人以超过其应得利益的好处。

7.3.2 整体组织架构层级与职能设置

在多中心开放的体制框架下，遵循决策、许可、实施相对分离的原则，进行规划管理体系的组织层级架构，并对多元组织进行明确的权职划分和组合，是解决第 4～6 章规划管理系统运行过程中低效和失效问题的整合性措施，也是建立新的规划管理制度的组织保证。

城市规划的实施与管理是一项蕴含多元平衡机制的全社会的事业，规划管理应当将部分原本属于行政系统内部的职能和权力分离出去，从原本的层级"委托—代理"的管理走向政府、社会、公众的授权团队合作管理。

现有的规划管理行政权包括"规划编制审批权""规划许可权""规划实施管理权"。其中,规划编制审批权具有行政立法权性质,为规划许可权的行使提出了具体的法定许可标准;规划许可权的行使为规划实施管理权的行使提供了法定依据;规划实施管理权保障规划许可权的正当行使。在组织架构中,要按照城市规划管理过程中各类管理行为的特点和特征,完善规划管理各类各级机构的职能分工,以决策、许可、实施管理相分离建立各机构间的相互关系。同时也应注意到,由于决策、许可、实施管理过程的同客体性和其之间的顺序性和反馈性,应考虑其在相对分离基础上的互动关系和连续性,也就是说,部分相互交叠的职能关系是允许的。效能型城市规划管理体系的组织架构,如图7-4所示。

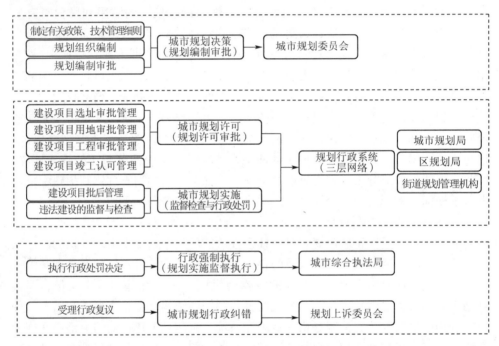

图7-4 效能型城市规划管理体系的组织架构

在城市规划管理体系的组织架构中,不同部门有不同的职责:

(1)城市规划委员会是代表着技术、社会和政治力量的网络型团体组织决策机构。作为人大的派出机构,其成为实体性决策机构,拥有最终法规决策权,负责起草当地的城乡规划管理法规和城市规划方针政策;综合决策重大的纲要性和战略性规划事宜;下达并审批城市规划重大研究项目、分区规划、专项规划、控制性详细规划、重点地段城市设计等年度任务;负责对上述政策和规划设计编制过程中所涉及的部门之间的问题进行协调和做出决策;对城市规划局及与规划行政密切相关的行政组织机构进行年度评议与监督;负责规划信息网络建设和维护使用。

城市规划委员会下设城市总规划师（办公室），负责具体安排城市规划委员会的议程，并提出主导性意见；负责组织编制规划的协调和计划工作；负责沟通和协调多元社会各界意见和重大分歧工作。

（2）市规划局主导城市建设的规划管理。负责"一书三证"的行政许可审批；对规划实施进行全程的批后管理；根据区规划管理机构上报的规划实施检查情况，对违法建设依规章进行行政处罚并递交给综合执法局；对市规划委员会的规划决策事项提出行政建议。对各区、县规划主管部门进行业务上的领导和监督。

（3）区、县城市规划主管部门在实施规划中拥有参与规划权；组织规划公示；监督检查建设项目的实施情况并对违法建设进行查处；协助综合执法局承担部分综合执法工作；对市级规划行政主管部门提出行政建议①。

（4）街道办事处和乡镇政府设置城市规划管理办公室②，负责所在区域公众意见征询工作；监督检查街道范围内的建设活动，及时发现、制止、汇报或举报各种违法占地与违法建设行为；对区、县规划行政主管部门提出行政建议。

居民委员会中设立专（兼）职规划监察员，协助街道办事处规划管理办公室随时掌握辖区内的建设动态，及时发现、制止并报告违反规划的建设行为。

（5）规划上诉委员会负责受理并协调、仲裁地方规划编制审批中的公众质询；受理并仲裁解决规划行政管理中的申诉③；受理并协调、仲裁公众或相关机构因开发建设项目对其利益侵害以及对开发补偿决定的异议；受理并处理城市有关机构或公众对土地开发建设违反法规政策的检控；受理并仲裁城市区、县等下级行政机构对上级行政机构所作决定的异议。

规划上诉委员会下设市、区（县）两级的规划督察员（办公室），负责规划督察管理工作，负责组织、主持规划过程中的听证会并做出裁决。市一级的规划督察员应接受省建设厅的委托，区县一级的规划督察员应接受市规划局的委托。

---

① 参与规划权：对地区范围内的今后发展提出规划设想和意见；对地区内的居住区规划和建设开发项目的方案设计进行审核时，从实施和管理的角度提出相应的意见。建设项目实施的监督权：对各类建设项目是否按照规划许可证的要求进行实施进行监督，及时反馈市规划管理部门。部分综合执法权：对地区范围内的违法、违章建筑的查处权；对毁坏公共绿地者的处罚权；对非法占路、环境卫生等的管理处罚权等。

② 从政府事务重建的角度出发，我们可以发现，基层管理机构的建设是非常迫切的。在城市规划实施方面，在街道办事处和乡镇管理层次上至今还没有相应的职能、机构或人员与编制，我们以为，该层次的管理机构与各类开发建设项目的开展和发展具有明显的就近方便、情况熟悉的特点，从提高行政效率，协调规划、建设和管理相互关系的角度，就改善地区的环境、协调条块之间的关系以及组织规划过程中的公众参与等方面开展管理性的工作，对保证地区的城市规划实施具有重要作用。因此，建议在市区的街道办事处和郊区的乡镇政府设立专门的规划管理机构，从事相应的规划管理职责。

③ 主要包括规划申请与规划许可之间的异议；规划申请被否决或部分被否决的异议等。

规划督察员是城市规划委员会的当然成员及纠纷仲裁委员会的召集人。

（6）城市综合执法局①负责协调、解决、处理区域内产生的影响城市规划的行为。负责对各部门面临的新情况进行及时的沟通；审核并执行规划管理部门对于违法开发行为的处罚；定期召开部门之间的联席工作例会或专项问题协调会等协调、布置工作。

7.3.3 规划行政管理机构内部组织架构与运作机制

在上一章节行政组织方式、管理层级与幅度设置、权力配置原则、行政效能与管理效能规律的理论指导下，构建了市规划局属地式纵向网络职能结构，如图7-5所示。

在属地式纵向网络职能结构的组织框架下，某市规划管理机构的运行机制如下：

1. 任务驱动式规划许可审批业务的管理体制

以效能优化为目标，规划许可审批业务采用任务驱动的管理体制。即不按照专业分工模式，而采用"任务驱动"的管理运行方式，就是项目许可审查的全过程实际上作为内业，按属地原则由各区规划管理部门完成，每个任务小组参考"一站式"办公的模式。

按照管理幅度原则②，"管理者可以有效管理的心理半径数可为1～2，管理幅度以2～4人为宜；组织的基层人员，其权力知觉较弱，其屏蔽系数较小，管

---

① 城市综合执法局拥有独立的行政主体资格，有法定的编制和独立的经费预算，能以一个整体执法主体名义进行行政执法，并能独立承担行政行为后果与行政诉讼后果。

② 英国管理学家林达尔·厄威克在20世纪30年代系统总结了泰勒、法约尔、韦伯等古典管理学派代表人物的观点，归纳出"管理幅度原则"。林达尔·厄威克指出管理幅度是有限的，普遍适用的数量界限不应超过六人。法国管理咨询专家格拉丘纳斯从上下级关系对管理幅度的影响方面进行了深入研究，指出管理幅度以算术级数增加时，管理者和下属间可能存在相互交往的人际关系数将以几何级数增加。格拉丘纳斯认为，管理幅度应该限制在"至多5人，可能最好是4人"。这条规则所容许的例外是在组织的基层从事例行工作时，工人相对独立于其他人的工作，他们同其他人很少或没有接触，可以有一个较大的管理幅度。若在较上层，当职责较重而常常互相重叠时，管理幅度应该窄一些。近年来随着公共管理理论与实践的发展，考虑到古典管理学派管理幅度的确定方法主要是立足于管理者的能力来考虑问题的，其目的都是为了让管理者更好地控制下属，而不是立足于提高组织的效率，没有顾及下属的感受和如何提高下属的积极性问题。为提高管理组织的效能，雏永信应用凝聚力与离心力平衡原理，测度出管理幅度的理论基值为2人，此时下属的积极性得到充分发挥，再增大管理幅度，会造成组织能量的损失，这取决于下属的权力知觉强或弱。一般来说，越到组织的上层人员，其权力知觉越强，其"屏蔽"系数较大，因此，管理者可以有效管理的心理半径数可为1～2，这样，管理幅度以2～4人为宜；组织的基层人员，其权力知觉较弱，其"屏蔽"系数较小，因此，管理者可以有效管理的心理半径数可增为2～4，这样，管理幅度可以达到4～8人。

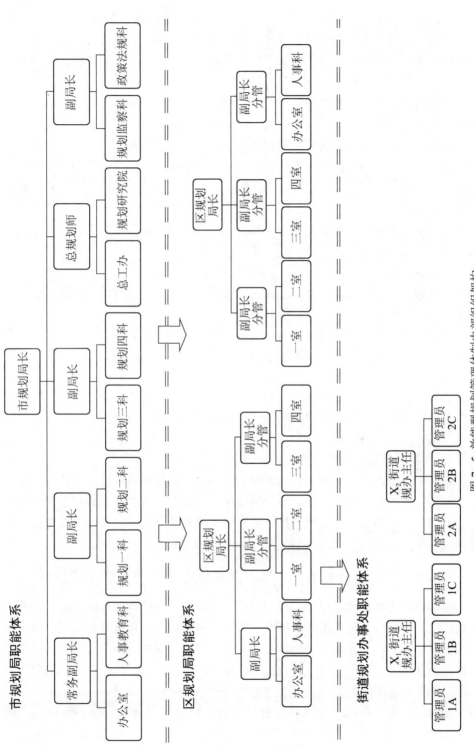

图 7 - 5 效能型规划管理体制内部组织架构

理者可以有效管理的心理半径数可增为2～4，管理幅度可以达到4～8人。"鉴于此，市规划局内部对应区行政许可业务分别各设两科，每科2～4人；每科对口管理区规划分局的两室，每室2～4人，对口管理2～4个街道规划管理办公室，每个街道规划管理办公室3～4人。

从横向体系上看，根据属地管理的原则，属地内建设项目的"一书三证"行政许可全部由同一专门的"任务小组"科室负责。这种"协调决策小组"的形式适应交叉型关系下横向联系的协调方式，便于职能间的互动与反馈；主管人员全程跟进，权责明晰；对基本情况熟悉，有利于提高效能。从纵向三级规划行政网络体系看，任何一个项目的审批都由归口的市局分管副局长和科室签批（对完全符合规划要求的申请，通过绿色通道直接核发许可），而每个项目的公众意见收集、组织公示等业务则由区规划局和街道规划办公室负责，在权力重叠与杜绝权力寻租方面找到了较好的平衡点。

2. 规划实施检查与处罚业务的管理体制

在行政三分理论的指导下，把监督职能从负责区行政许可的两个部门中独立出来，由专门的分管副局长负责规划实施。

规划实施检查作为区规划局和街道规划办公室的主要职责，通过属地化的网络式管理，在吸收公众和新闻媒体监督建议的基础上，向市规划局监察科上报违法建设具体情况及证明材料，并可以同时提出行政处罚建议，市规划局设分管监察副局长，下设两个科室"规划监察科"与"政策法规科"，规划监察科根据政策、法规、制度下达行政处罚决定，经政策法规科复审，由分管副局长签批后函转城市综合执法局强制执行。

3. 与规划委员会联系业务的管理体制

市规划局设立总规划师岗位，下设总工办，负责对规划委员会下达的年度计划、审批过的各项规划，即法规决策制度化、具体化；负责组织编制修建性详细规划，将市、区规划局在实施审批过的规划中遇到的实际问题及可行性建议及时反馈城市规划委员会，局总规划师同时分管城市规划设计研究院。

7.3.4 有效的协调机制：城市规划信息协同平台框架的构建

在规划行政管理的过程中，规划审批、用地许可、建设许可以及监督检查应保持高度的连续性，这要求运用恰当的管理体制模式和运行机制来规制，而这一切的良性运转都需要在规划局的核心业务机构之间建立有效的协调机制。规划控制信息的共享是规划控制系统有效运行的重要环节。因为一旦规划控制信息与城市建设相关的各个层面实现共享，就意味着可以高效地获得对称性的信息，引导城市建设的有序进行和城市空间的有序发展。城市规划信息协同平台框架如图7-6所示，其建设主要包括七个方面：

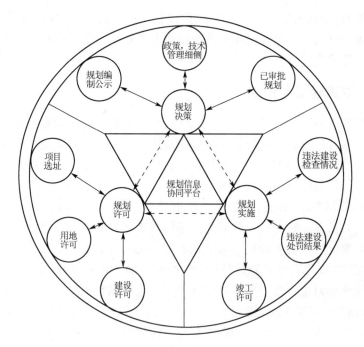

图 7－6　城市规划信息协同平台框架

（1）用地管理系统。此系统的主要目标是实现建设项目规划管理用地环节带图运行和无纸化审批，实现在局内部用地审批的多部门协同工作。

（2）建筑管理系统。该系统的主要目标是依据规划指标技术标准以及规划管理流程，核算容积率、绿地率、建筑密度、建筑面积等规划指标，实现建设项目的"三证"审批功能。

（3）市政管理系统。它以实现道路红线和配套市政管线的规划审查和管理、核发"一书三证"为主要功能，同时提供图文互访功能，充分利用项目数据库信息为办件提供数据支持。

（4）监察管理系统。该系统主要是为违法建设项目的举报、调查、立案、听证、处理、复议等过程管理实现计算机管理提供功能支持和技术保障。

（5）政务管理系统。它是贯通各业务部门政务工作的信息系统，实现电子公告、公文传递（报、发、送）、政策发布、法规查询、行政文件网上会办、会议通知、督办通知、新闻发布、规划技术讨论、规划管理讨论、领导讲话查询、会议纪要查询、法律法规查询、规划大事记、对外交流、违法建设情况查询等功能。

（6）档案管理系统。统一保存已归档的建设项目案卷、收文、发文、请示件、督办件、传阅件等文件，提供档案信息查询、管理档案等服务，并对各建设单位建立专门的信息管理档案。

（7）综合服务系统。该系统着重对规划信息的宣传，为百姓提供信息服务。内容包含城市概况、政策与技术管理细则、各类规划、报件查询、重大建设项目规划公示、建设成就等。

7.4　本章辅证和附录

改革开放以来，我国已经进行了五次行政体制改革，现阶段我国行政管理体制改革的基本目标，就是要以转变政府职能作为核心，优化政府组织结构，全面推进依法行政，完善和健全政府运行机制，建立起符合市场经济特点和要求的行政管理过程。其具体体现在以下四个方面。

（1）由管制型政府向公共服务型政府转型。随着我国改革的不断深入，政府公共部门的基本运行方式、政府公共部门与市场和社会公众之间关系的基本定位正在发生变化。社会公众成为城市政府服务的对象，是公共服务的"消费者"和"顾客"，城市政府成为公共服务的供给者，而不再是高高在上的官僚机构和脱离社会的统治力量；政府对城市的管理不再是管制型政府，而应该是公共服务型政府。政府公共部门不仅需要重新界定职能和实现其多数职能的市场化，而且即使对于那些必须由政府承担的职能和负责提供的公共服务，也必须强调社会公众至上，以效率、服务质量、公共责任和人民群众的满意程度为公共行政绩效的评价指标，以较低的成本来提供最有效的服务。

（2）由一元治理向多元治理转型。和谐管理要求非营利组织、非政府组织与城市政府组织一起参与公共服务与公共产品的提供，要打破城市政府对公共管理权力的垄断，政府要集中精力提供核心公共产品。建立城市政府与社会合作的多元治理结构，发挥非政府组织、非营利组织的作用，形成城市政府与非政府组织的合作伙伴关系。

（3）由行政高度集权向政府职能下移转型。和谐管理要求实行政府职能下属化，尽可能多地把管理权力下放给下一级的政府与组织，直至社区与社会团体，采取自治事务高于公共权力的原则，在能以自治原则解决问题的情况下，尽量不采用权威原则，公共事务应尽量在自治范围内处理，由市民、社区和非政府组织自行解决。

（4）由公共供给行政垄断向公共供给公平竞争转型。公共供给竞争是两个以上的行政主体竞争性地提供公共产品，以便吸引顾客与发展本行政区域经济的行政竞争。公共供给竞争是不同行政主体之间的竞争，打破行政垄断，实行公共服务市场化，是实现政府管理与市场调节和社会参与之间相互和谐的关键。

第 8 章 | 结语

本书基本勾勒出了在多元化、瞬息万变的不确定性背景下，处于经济社会转型的制度环境框架下，效能型城市规划管理制度安排的新框架和思路。如果说本书还有一些可取之处的话，那就在于从效能优化的视角，从城市规划管理实践出发，借鉴多学科的研究成果，为规划管理制度的革新开辟了一个方向，希望为今后的规划管理制度的研究提供一些可供参考的框架建议和基础性材料，但由于笔者理论和实践储备有限，许多内容还不全面准确，具体的制度和实施机制也仍有待在理论和实践的探索中进一步充实与完善。

规划管理制度的设计是一项系统工程，本研究从经济、法制、行政、社会管理等多个方面入手，以案例城市规划管理实践中遇到的具体问题为起点，进行了较为深入的探讨，但研究结论尚需在管理实践中动态反馈与修正，研究成果需要在规划管理实践中运行、评价与再设计。

本书研究范畴设定为设区市级规划管理制度的设计，设区市级政府作为规划管理行政网络中的关键节点，当然具有代表性和典型性，但从组织系统运作的角度来看，城市规划管理仍然需要中央、省级政府的宏观政策作为依据，需要县、乡级政府的微观信息作为支撑。因此，效能型规划管理制度的设计还需在纵向上进一步整合理顺。

附录 | 城市规划管理制度创新的制度环境分析

当前，全球化时代的来临和社会主义市场经济体制的逐渐完善使我国经济迅速地发展，城市化进程的加快使城市进入大规模高速度分散化发展阶段，我国已步入了由传统社会向现代社会的重大社会转型期，尤其是计划经济向市场经济的转变改变了我国原有社会的利益结构，使整个社会呈现出利益主体多元化趋势，加之我国目前正在进行新一轮的行政体制改革，这一切制度环境的变化均对原有的城市规划制度设计提出了挑战。

一般来说，制度设计是在制度环境的框架里进行的，制度环境决定着制度设计的性质、范围、进程等。现阶段城市规划行政制度所依赖的制度环境，即城市化与全球化的发展进程、经济体制改革、行政体制改革、社会整体变迁、法制体系变革，它们彼此相互交织在一起，共同作用而构成了城市规划行政制度创新中最为重要和关键的动因。

一、城市化快速发展与城乡统筹进程的加速对规划管理制度的环境影响

城市化快速发展使得城市建成区向外迅速拓展，加速了空间利用复杂化与多元化。城乡统筹进程的加速使得城乡规划体制分割的弊病更加突出，特别是在向外围拓展的过程中带来的城乡结合部建设混乱。由于土地权属"二元制"，这一地区城市规划管理受到两重标准的限制，特别是对农村集体土地在城市化"过程"中缺少具体的行政制度指引，形成了规划行政管理的"空白地带"，这都需要城市规划及时有效的指导。通过制度创新和政策调整打破昔日制约城市发展的一系列障碍，梳理和建立适应市场经济要求的城市规划行政制度框架。

快速城市化进程中规划实施约束机制不足，违法建设、"城中村"情况严重①，城市规划行政制度安排、规划工作的体制与方法都应做出相应的调整和适应。由于基层规划管理和执行力量都相对薄弱，城市规划管理部门更重视的是城市的中心地区、门户地区，对城市向外扩散的边缘地区往往忽视。这种忽视使在这一区域违法建设的风险较低，加之经济利益的驱动，大量的集体土地被非法转让、抢建，农业用地打着新农村建设、合作开发的性质进行着实质性的商业开发，导致农用土地的流失，建设布局混乱，建筑隐患大。而城市规划行政监督约束机制软弱，最终导致规划缺乏严肃性。

快速城市化进程中在多元化利益集团的博弈中如何兼顾"公平与效益"？公

① 参考冯现学. 快速城市化进程中的城市规划管理［M］. 北京：中国建筑工业出版社，2006：10-11.

众利益如何保障？公众参与度如何提高？针对性的制度措施考虑不足。快速城市化过程中区域发展带来的区域之间、部门之间、利益团体之间的协调工作需要不断加强，但传统的城市规划行政中协调机制不健全。规划管理部门在现行的体制下重视的是"一书两证"的发放，认为完成上级交办任务即可，没有机制约束其过程中规划部门的行为。且规划行政管理局限于"规划区"的框框，忽视了城市与周边城镇的协调发展、城市与城市间的相互作用和城市与郊区一体化发展，在公众层面忽视公众参与，特别是快速城市化过程中多个利益团体的协调，公众参与仅仅停留在"公众告知"阶段，最终造成规划在执行中阻力重重。

　　由于城市化和城乡统筹进程的加速而引发的以上问题都对城市规划行政工作提出了更高的要求。今后一段时间将是我国城市发展的关键时期，城市化水平还将进一步提高，城市将进入一个大发展的阶段，对我国国民经济和社会发展关系重大。为此，我国的城市规划必须做好准备，与时俱进、适时而动，积极进行行政制度创新，顺应这些重大转变和趋势，通过制度创新和政策调整打破昔日制约城市发展的一系列障碍，梳理和建立适应城乡统筹要求的城市规划行政制度框架。

　　二、经济全球化及全球信息化对规划管理制度的环境影响

　　伴随着可持续发展理念的深入人心，城市规划在城市发展中统筹兼顾、协调引导的作用前所未有地凸显出来。而经济活动的全球化和空间的分散化，使得城市之间、区域之间、国家之间的竞争、交流和合作也进一步加强。这样日益激烈的竞争不可避免地具有双重性：竞争既具有增强城市发展的内动力、使资源配置更加有效、加快完善城市功能、强化城市对外竞争力等方面的优点，也会带来资源的掠夺性使用、城市领导人的急功近利心态以及城市间的盲目攀比和重复建设等恶性竞争。这样的状况需要城市规划行政管理提高效能，没有效率的城市规划行政会使城市错失各种竞争优势与资源；同时，也需要城市规划加强自身制度化建设，没有完善的行政制度将难以十分有效地应对和担负这一艰巨而复杂的任务。因此，面对新的挑战和机遇，城市规划的制度安排、城市规划工作的体制和方法都必须做出调整，才有可能适应城市发展的要求。

　　全球化背景下城市竞争与合作需要自下而上的自组织过程，对传统城市规划行政从上而下的行政管制带来挑战①。城市间的竞争会在所有的资源种类中展开，所以，城市特色的多样性和相互之间的依赖性是城市间合作形成的基础，而城市间合作制度必须建立在不同城市产业互补性所带来的利益共享的内涵与认同感上。面对全球化和新技术革命所带来的不确定性的日益增加，这种从下而上的产业互补和认同感的培育尤为重要。这是对城市规划行政制度创新的重大挑战。

----

① 仇保兴. 中国城市化进程中的城市规划变革 [M]. 上海：同济大学出版社，2004.

三、行政管理制度改革对规划管理制度的环境影响①

行政体制改革是当代各国政府管理与发展的潮流和趋势，从世界范围来看，现代行政管理的功能和运作方式有四方面的变化：从消极运作走向积极运作，行政系统的权力在整体上得以集中和加强；从直接运作走向间接运作，政府规模缩小，行政费用减少，运作质量提高和成本降低；从等级行政运作走向网络行政运作，建立在网络结构基础上的公共管理，其公开度大大提高，这有助于政府更广泛地了解情况，也有助于社会对政府的监督；从集权运作走向分权运作，适当分权使第一线管理者能对环境的变化等做出迅速反应，及时做出相机的决定，从而体现市场经济体制对行政系统提出的要求。

改革开放以来，我国已经进行了五次行政体制改革，特别是从 1988 年开始，转变政府职能成为改革的核心和重点，不断取得新进展。现阶段，我国行政管理体制改革的基本目标，就是要以转变政府职能作为核心，优化政府组织结构，全面推进依法行政，完善和健全政府运行机制，建立起符合市场经济特点和要求的行政管理过程。

转变政府职能首先是要求"放松规制"，建设"有限政府"②。我们提出和推动的转变政府职能，与西方国家自 20 世纪后期开始实行的"放松规制"有明显的不同之处。我们在强调政府"有限"的同时，也强调政府的"有为"；既要求政府减少、放弃某些职能，又要求政府加强、健全和完善某些职能。随着市场经济体制的建立和政治体制的改革，政府从直接参与城市经济发展转变为创建营造发展环境和进行社会监督管理。各级城市政府更多地关心城市的公共事务和城市建设的管理，政府的职能将真正转向对公共事务的决策，转向集中组织管理公共物品和公共服务的供应。

在这种趋势下，城市规划作为一项重要的公共政策，作为公共事务管理中保障公众利益的一个有效手段，其作用会日益突出，对城市的规划和建设越来越成为城市政府管理城市的重要手段和有效途径，城市的规划、建设管理制度也将进入更为广阔的改革和创新领域，置身于这样的发展趋势和大背景下，对自身行政管理制度提出一个整体思路和长远对策，已显得十分必要。

四、经济体制改革对规划管理制度的环境影响

概括来说，进入改革时期以来对中国城市规划体制制度创新影响比较大的相关经济制度、管理体制变化有：计划经济及其相关投资价格及市场体制等方面的

---

① 高中岗. 我国城市规划制度创新的外部环境和动因分析 [J]. 城市规划学刊, 2007 (3).

② 建设"有限政府"，强调政府应该"精简机构，裁减人员"；政府应该"归位"把本应由市场调节、公民自治、社会中介管理加以解决，且市场调节、公民自治、社会中介管理能够解决好，甚至能够解决得比政府更好的事务交给市场、公民和社会，不再"越位"和"错位"。转引自姜明安. 关于建设法治政府的几点思考 [J]. 法学论坛, 2004 (4).

重大变革；土地有偿使用及其转让制度管理制度的变革；房地产开发产权处置、房地产金融以及相关行政体制改革。

经济转轨对城市规划行政制度带来的创新要求[①]主要包括：

（1）在"双轨制"的改革中，城市规划行政制度的定位出现局限与滞后；经济体制改革使得"经济增长与效率优先"成为价值准则，由此引发了城市规划行政制度价值判断的扭曲，从而导致城市规划行政制度效能评价标准的异化。

由于"双轨制"[②]改革中政府对改革的实际推动作用，城市规划作为政府科层制结构中的一个部门的地位并未改变，城市规划的组织体系仍然大部分局限于政府体系内部。这种制度定位上的局限使得城市规划制度的直接权力来源仍然是城市政府，而面对城市建设投资主体多元化，不同利益主体偏好多元化时，无法突破将城市政府作为规划成果需求者的局限，惟其马首是瞻。然而在经济的实际动作中，政府作为公共利益集团也具有自己的特殊利益，而且政府组织内部也存在着复杂的利益机制。缺乏对政府利益偏好的认识，进而对政府行为的约束缺位，为政府在城市建设中的"寻租"行为和为彰显其"政迹"而推动的"看得见工程"埋下了制度性隐患。

市场经济实施30年后发生的最引人注目的变化，应当是从中央到地方的各级政府对于经济发展的支持态度。政府、市民、规划界在对经济增长的支持态度上达到了前所未有的默契。如果说"经济增长"追求的是结果的话，"效率优先"便追求的是准则了。对这一准则的崇尚与狂热，带来的是城市规划行政制度安排中价值判断的扭曲。权力下放使地方政府成为推动经济的主要力量，然而转型初期政府财力薄弱与推动经济发展责任成为一对矛盾。受新古典经济增长理论影响，通过资本形成实现经济增长被认为是经济起飞的先决条件，吸引资本和投资，促进本地工业发展也就被认为是获得地方经济繁荣的正途。由于相信外来投资寻找的是低成本因素，吸引投资的竞争因此转化为压低生产成本的竞争，甚至不惜降至市场水平之下，来诱惑外来投资。政府需求在城市规划领域的表达便是城市土地的大规模扩张并以尽可能低的价格吸引开发商。同时，城市规划行政也以一种主动的姿态为满足政府需求进行对市场运作规律的探索。

对城市规划行政制度效能的评价既与城市规划行政制度的定位有关，又与城

---

① 罗吉.社会发展视角下城市规划制度创新研究［D］.武汉：华中科技大学.2006.

②"双轨制"改革的特点是：①尽量利用初始条件；②保留了原有政府行政体制；③"自上而下"的渐进改革。以这种宏观的体制改革为背景，城市规划行政制度作为社会经济发展建制之一，面对着来自意识与实践的双重挑战，被动与主动地探求改革的出路。在改革初期，城市规划行政制度的改革表现出对计划经济体制的较强依赖；而在改革的不断推进中，又表现出对经济效益优先的热衷与盲从。随着经济体制改革的不断完善，市场经济在资源配置中的份额越来越重，城市规划制度安排中的"计划性"显现出了与市场经济体制需求不符的局限性与滞后性；而渐进式改革的"过渡性"制度安排又表现出了异化与扭曲。

市规划行政制度的价值判断有关。前者决定了由谁评价及评价的方法，后者决定了评价的标准和内容。由于城市政府对城市规划的实际支配权，对城市规划制度效能的评价常常是由政府部门做出的。对市场发展的刺激是城市规划受到重视的原始动因。吸引了多少外来投资，带来了多少财政收入原本是考核官员效能的指标，这时也部分地转嫁到对城市规划制度效能的考核上来。对城市规划行政制度另一个更直接的评价标准是城市规划行政制度引导城市建设的实际效果。对政府业绩的追求促使决策者往往将资源主要用于任期内能够做出成果，"看得见"的项目中；而对城市长期发展状况的评价，却又局限于对"规划蓝图"的落实情况。这两种相互对立的评价标准使城市规划制度限于自身定位处于既无力又无奈的境地。

（2）随着经济体制的改革，城市规划行政需要利用市场经济机制来合理、规范地配置各类资源，整合城市发展的各种动力因素。

在市场经济体制逐步建立和完善的背景下，我国的财政税收体制、投融资体制和城市建设模式都发生了很大的变化，这使得在土地利用和空间资源配置的过程中，国家计划的影响越来越小，而市场调控的机制和作用则越来越明显。产权与市场结合的时候就会形成寻利的社会，产权与政府及官员结合的时候就会形成寻租的社会。为了制约寻租社会环境下出现的权钱交易、官员腐败等现象（包括城市规划管理领域的腐败行为），就更需要加强制度建设。

用制度经济学的角度分析，城市规划在发挥作用的同时，面临着无处不在的交易和交易费用。制度变迁过程中出现的一个趋势是，计划经济制度下众多垂直的管理交易将转变为市场经济体制中平行的买卖交易。现实中很多问题的深层原因也就在这里。原来规划管理部门在计划经济中是管理交易的行为人，并因此形成了一套自上而下制订规划的理念体系和以我为主审批项目的行政体系；当我们带着浓重的传统指令色彩而不是平等协商的市场经济精神干预市场的时候，我们其实是试图用内部的管理交易费用支付外部的市场交易成本。矛盾的实质，就在于制度变迁使得城市规划调控市场交易行为的量级放大，而仅仅沿用传统的管理交易费用已经无法支付调控市场交易的成本。这就要求城市规划行政必须变革传统的观念、方法和手段，创新城市规划行政的制度安排，才能尽快适应城市建设主体和投资渠道多元化以后城市建设的新情况，有效促进城市发展，协调城市建设中的各种矛盾和利益冲突。

参考文献

[1] BEVIR M, RHODES R A W. Interpreting British Governance [M]. London: Routledge, 2003.

[2] FLYVBJERG B. Rationality and Power: Democracy in Practice [M]. Chicago: University of Chicago Press, 1998.

[3] RHODES R A W. Understanding Governance [M]. Milton Keynes: Open University Press, 1997.

[4] FERREL H. Public Administration: A Comparative Perspective [M]. 6th ed. New York: Basel: Dekker, 2000.

[5] Wai–chung Lai. Zoning and property rights [M]. Hong Kong: Hong Kong University Press, 1987.

[6] SASSEN S. The Global City: New York, London, Tokyo [M]. New Jersey: Princeton University Press, 1993.

[7] BROMLEY, DANIEL W. Making the Commons Word: Theory, Practice and Policy [M]. San Francisco: Institute for Contemporary Studies Press, 1992.

[8] GAVE, MARTIN, MAURICE, et al. Output and Performance Measurement in Government: the State of the Art [M]. London: Jessica Kingsley Publishers Ltd, 1990.

[9] KEARNEY, RICHARD C, Evan M. Berman. Public Sector Performance: Management Motivation, and Measurement [M]. Oxford: Westview Press, 1999.

[10] LEWIS S. Output and Performance Measurement in Central Government Department [M]. London: The Treasury, 1999.

[11] DAVID Vid Osborne, TED Gaebler. Reinventing Government: How the Enrrepreneurial Spirit is Transforming the Public Seetor, 1992.

[12] HAMDI N, GEOTHERT. Action Planning For Cities: A Gulde to Community Practiee [M]. Academy Press, 1997.

[13] BOOTH P. Controlling Development: Certainty and Discretion in Europe, the USA and Hong Kong [M]. London: UCL Press, 1996.

[14] ROBERT E. GOODIN. The Theory of Institutional Design [M]. NewYork: Cambridge University Press, 1996.

[15] DAVID L, WEIMER. Institutional Design [M]. New York: Kluwer Academic Publishers. 1995.

[16] 青木昌彦, 奥野正宽. 经济体制的比较制度分析 [M]. 北京: 中国发展出版社, 1999.

[17] 道格拉斯. 诺斯. 制度、制度变迁与经济绩效 [M]. 杭行, 译. 上海: 上海人民出版社, 2008.

[18] 埃莉诺·奥斯特罗姆, 拉里·施罗德, 苏珊·温. 制度激励与可持续发展: 基础设施政策透视 [M]. 毛寿龙, 等, 译. 上海: 三联书店, 2000.

[19] 埃莉诺·奥斯特罗姆. 美国公共行政的思想危机 [M]. 毛寿龙, 等译. 上海: 三联书店, 1999.

[20] 埃莉诺·奥斯特罗姆. 公共事务的治理之道 [M]. 毛寿龙, 等译. 上海: 三联书店, 2000.

[21] 迈克尔·麦金尼斯. 多中心体制与地方公共经济 [M]. 毛寿龙, 等译. 上海：三联书店, 2000.

[22] 奥斯特罗姆, 帕克斯, 惠特克. 公共服务的制度建构 [M]. 毛寿龙, 等译. 上海：三联书店, 2000.

[23] 菲利普·丁·库柏. 二十一世纪公共行政：挑战与改革 [M]. 王巧玲, 等译. 北京：中国人民大学出版社, 2006.

[24] 詹姆斯·W. 费斯勒, 唐纳德·F. 凯特尔. 行政过程的政治 [M]. 陈振明, 朱芳芳等, 译. 北京：中国人民大学出版社, 2002.

[25] 夏尔·德巴什. 行政科学 [M]. 葛智强, 等译. 上海：上海译文出版社, 2000.

[26] 埃里克·弗鲁博顿, （德）鲁道夫·芮切特. 新制度经济学：一个交易费用分析范式 [M]. 姜建强, 罗长远, 译. 上海：上海人民出版社, 2006.

[27] 密尔 J S. 代议制政府 [M]. 汪瑄, 译. 北京：商务印书馆, 1982.

[28] 潘汉生. 大城市城建行政体制改革研究 [M]. 武汉：武汉出版社, 2000.

[29] 张国庆. 公共政策分析 [M]. 上海：复旦大学出版社, 2004.

[30] 刘君德, 汪宇明. 制度与创新：中国城市制度的发展与改革新论 [M]. 南京：东南大学出版社, 2000.

[31] 仇保兴. 中国城市化进程中的城市规划变革 [M]. 上海：同济大学出版社, 2004.

[32] 叶南客, 等. 战略与目标：城市管理系统与操作系统 [M]. 南京：东南大学出版社, 2000.

[33] 张兵. 城市规划实效论 [M]. 北京：中国人民大学出版社, 1998.

[34] 耿毓修, 黄均德. 城市规划行政与法制 [M]. 上海：上海科学技术文献出版社, 2002.

[35] 雷翔. 走向制度化城市规划决策 [M]. 北京：中国建筑工业出版社, 2003.

[36] 高中岗. 中国城市规划制度及创新 [D]. 上海：同济大学, 2007.

[37] 陈叔红, 蒋建国. 城市管理概论 [M]. 长沙：湖南人民出版社, 1999.

[38] 张立荣. 论有中国特色的国家行政制度 [D]. 上海：华中师范大学, 2002.

[39] 吕锡伟. 我国行政管理体制改革的特点及其目标模式 [J]. 政府管理参考, 2003 (2).

[40] 薛晓源, 陈家刚. 全球化与新制度主义 [M]. 北京：社会科学文献出版社, 2003.

[41] 吴敬琏, 等. 渐进与激进：中国改革道路的选择 [M]. 北京：经济科学出版社, 1996.

[42] 施雪华. 政府权能理论 [M]. 杭州：浙江人民出版社, 1998.

[43] 张文寿. 中国行政管理体制改革、研究与思考 [M]. 北京：当代中国出版社, 1994.

[44] 张立荣. 中外行政制度比较 [M]. 北京：商务印书馆, 2002.

[45] 傅小随. 中国行政体制改革的制度分析 [M]. 北京：国家行政学院出版社, 1999.

[46] 叶晓军, 等. 控制与系统新论 [M]. 南京：东南大学出版社, 2000.

[47] 柯武刚, 史漫飞. 制度经济学：社会秩序与公共政策 [M]. 北京：商务印书馆, 2000.

[48] G. 阿尔伯斯. 城市规划与实践概论 [M]. 吴唯佳, 译. 北京：科学出版社, 2000.

[49] 卢现祥. 新制度经济学 [M]. 武汉：武汉大学出版社, 2004.

[50] 周世逑. 中国行政管理学 [M]. 北京：中央党校出版社, 1996.

[51] 任致远. 21 世纪城市规划管理 [M]. 南京：东南大学出版社, 2000.

[52] 仇保兴. 追求繁荣与舒适：转型期间城市规划、建设与管理的若干策略 [M]. 北京：中

国建筑工业出版社，2002.

[53] 李其荣. 对立与统一：城市发展历史逻辑新论［M］. 南京：东南大学出版社，2000.

[54] 周蜀秦. 新公共管理视野下的现代城市管理［J］. 城市管理，2004.

[55] 杨冠琼. 政府治理体系创新［M］. 北京：经济管理出版社，2000.

[56] 马克·G. 波波维奇. 创建高绩效政府组织：公共管理实用指南［M］. 孔宪隧，耿洪敏，译. 北京：中国人民大学出版社，2002.

[57] 毕争，邢传. 公共部门绩效评估：西方的发展趋势及其对我国的启示［J］. 改革与战略，2003.

[58] 刘旭涛. 论绩效型政府及其构建思路［J］. 中国行政管理，2004（3）.

[59] 马国贤. 政府绩效管理［M］. 上海：复旦大学出版社，2005.

[60] 理查德·威廉姆斯. 组织绩效管理［M］. 北京：清华大学出版社，2002.

[61] 黄健荣. 公共管理新论［M］. 北京：社会科学出版社，2005.

[62] 冯利民. 地方政府绩效管理存在的问题和对策［J］. 理论研究，2006（3）.

[63] 胡宁生. 构建公共部门绩效管理体系［J］. 中国行政管理，2006（3）.

[64] 中国行政管理学会联合课题组. 政府部门绩效评估研究报告［J］. 中国行政管理，2005（3）.

[65] 毛寿龙. 中国政府功能的经济分析［M］. 北京：中国广播电视出版社，1996.

[66] 彼得·杜拉克. 21 世纪的管理挑战［M］. 上海：三联书店，2000.

[67] 周志忍. 当代国外行政改革比较研究［M］. 北京：国家行政学院出版社，1999.

[68] 唐明皓. WTO 与地方行政管理制度研究［M］. 上海：人民出版社，2000.

[69] 杨瑞龙. 我国制度变迁方式转换的三阶段论：兼论地方政府的制度创新行为［J］. 经济研究，1998（1）.

[70] 罗可，张金荃. 当代中国城市规划中的利益博弈［C］//中国城市规划学会. 规划50 年—— 2006 年中国城市规划年会论文集. 北京：中国建筑工业出版社，2006.

[71] 欧阳景根，李社增. 社会转型时期的制度设计理论与原则［J］. 浙江社会科学，2007（1）.

[72] 香港政府. 城市规划修订条例. http：//www.hklii.org/hk/legis/cord/131，2004.

[73] 赵燕菁. 制度经济学视角下的城市规划（上）［J］. 城市规划，2005（6）.

[74] 青木昌彦. 什么是制度？我们如何理解制度？［J］. 周黎安，王珊珊，等译. 经济社会体制比较，2000（6）.

[75] 张兵. 渐进的规划制度改革面临的出路——关于制定《城乡规划法》的讨论［J］. 城市规划，2000（10）.

[76] 毛昭晖. 中国行政效能监察——理论、模式与方法［M］. 北京：中国人民大学出版社，2006.

[77] 张尚仁. 行政职能、功能、效能、效率、效益辨析［J］. 广东行政学院学报，2003（1）.

[78] （美）戴维·奥斯本，特德·盖布勒. 改革政府：企业精神如何改革着公营部门［M］. 上海：上海译文出版社，1996.

[79] 于立. 中国城市规划管理的改革方向与目标探索［J］. 城市规划学刊，2005（6）.

[80] 于立. 后现代社会的城市规划：不确定性与多样性［J］. 国外城市规划，2005（2）.

[81] 罗吉. 社会发展视角下的城市规划制度创新研究［D］. 武汉：华中科技大学，2006.

[82] 孙峻岭. 新公共管理理论与我国城市规划制度创新［C］//中国城市规划学会. 城市规

划面对面——2005 城市规划年会论文集（上）. 北京：中国水利水电出版社，2005.

[83] 诸大建，刘冬华. 从城市经营到城市服务：基于公共管理理论变革的视角 [J]. 城市规划学刊，2005（6）.

[84] 康芒斯. 制度经济学 [M]. 北京：商务印书馆，1983.

[85] 罗震东. 中国都市区发展：从分权化到多中心治理 [M]. 北京：中国建筑工业出版社，2006.

[86] 曹春华. 转型期城市规划运行机制研究——以重庆市都市区为例 [D]. 重庆：重庆大学城市规划与设计专业，2005.

[87] 凡勃伦. 有闲阶级论——关于制度的经济研究 [M]. 北京：商务印书馆，1983.

[88] 李习彬，李亚. 政府管理创新与系统思维 [M]. 北京：北京大学出版社，2002.

[89] 杨宇立，薛冰. 市场公共权力与行政管理 [M]. 西安：陕西人民出版社，1998.

[90] 刘骥. 城市规划监督管理体制与方式研究 [D]. 成都：成都电子科技大学，2007.

[91] 朱文华. 谈我国城市规划管理体制改革 [J]. 规划师，2003（5）.

[92] 谢诚. 城市规划管理体制与管理职能的转型研究 [D]. 重庆：重庆大学，2004.

[93] 严薇. 市场经济下城市规划管理运行机制的研究 [D]. 重庆：重庆大学，2005.

[94] 汤海孺. 不确定性视角下的规划失效与改进研究 [D]. 杭州：浙江大学，2005.

[95] 卢现样. 西方新制度经济学 [M]. 北京：中国发展出版社，1999.

[96] 上海市城市规划管理局. 上海城市规划管理实践——科学发展观统领下的城市规划管理探索 [M]. 北京：中国建筑工业出版社，2007.

[97] 江琦. 城市规划失效分析与研究 [D]. 兰州：兰州大学，2006.

[98] 童明. 政府视角的城市规划 [M]. 北京：中国建筑工业出版社，2005.

[99] 姚凯. 寻求变革之道——基于上海城市演进过程的规划管理创新探索 [M]. 上海：上海科学技术出版社，2005.

[100] 孙笑侠. 法的现象与观念 [M]. 北京：群众出版社，1995.

[101] 孙笑侠. 法律对行政的控制 [M]. 济南：山东人民出版社，1999.

[102] 王兴平. 城市规划委员会制度研究 [J]. 规划师，2001（4）.

[103] 李凤，刘钺. 试论城市规划行政自由裁量权 [J]. 规划师，2004（12）.

[104] 王瑜玲. 关于优化中小城市规划管理体制的思考 [D]. 天津：天津大学，2005.

[105] 孔繁斌. 公共性的再生产：多中心治理的合作机制建构 [M]. 南京：江苏人民出版社，2008.

[106] 郭湘闽. 旧城更新中传统规划机制的变革研究 [D]. 广州：华南理工大学，2005.

[107] 陈嫦娥. 城市规划批后管理对策研究 [D]. 杭州：浙江大学，2007.

[108] 谢诚. 城市规划管理体制与管理职能的转型研究 [D]. 重庆：重庆大学，2004.

[109] 郭素君. 对深圳市规划委员会身份的认识及评价 [C] // 中国城市规划学会. 规划50年——2006中国城市规划年会论文集（上）. 北京：中国建筑工业出版社，2006.

[110] 周建军. 转型期中国城市规划管理职能研究 [D]. 上海：同济大学，2008.

[111] 冯现学. 快速城市化进程中的城市规划管理 [M]. 北京：中国建筑工业出版社，2006.

[112] 张建容. 基于社会发展目标的城市规划制度环境建设研究 [D]. 武汉：华中科技大学，2004.

[113] 董海军. 转轨与国家制度能力：一种博弈论的分析 [M]. 上海：上海人民出版社，2007.

[114] 周丽亚. 行政型城市规划委员会模式初探：兼论深港城市规划委员会制度 [C] // 中国城市规划学会. 规划50年——2006中国城市规划年会论文集（上）. 北京：中国建筑工业出版社，2006.

[115] 张昕. 转型中国的治理与发展 [M]. 北京：中国人民大学出版社，2007.

[116] 陈天祥. 新公共管理——政府再造的理论与实践 [M]. 北京：中国人民大学出版社，2007.

[117] 唐铁汉. 行政管理体制改革的前沿问题 [M]. 北京：国家行政学院出版社，2008.

[118] 李传军. 管理主义的终结：服务型政府兴起的历史与逻辑 [M]. 北京：中国人民大学出版社，2007.

[119] 杨玲. 重庆市区县规划管理体制改革探：合川区实证研究 [J]. 现代城市研究，2008（8）.

[120] 陈岩松. 城市经营——理论·运作·制度创新 [M]. 上海：同济大学出版社，2008.

[121] 李传军. 管理主义政府模式的终结：从管理行政到服务行政 [D]. 北京：中国人民大学，2003.

[122] 文超祥，马武定. 博弈论对城市规划决策的若干启示 [J]. 规划师，2008（10）.

[123] 付清. 上海试点城镇建设中的非程序化规划决策研究 [D]. 上海：同济大学，2008.

[124] 郑金. 城市规划决策中的寻租分析及其防范 [J]. 华中建筑，2006（10）.

[125] 谭智华. 权利的法律控制：从实体走向程序 [J]. 湖湘论坛，2000（5）.

[126] 魏立华，刘玉亭，罗彦. 城乡规划的"执行阻滞"与规划督察 [C] // 生态文明视角下的城乡规划——2008中国城市规划年会论文集. 北京：中国建筑工业出版社，2008.

[127] 方骏. 关于合肥市"大拆违"的公共政策分析 [D]. 合肥：安徽大学，2007.

[128] 吴军飞. 制度变革中的行政执法：我国行政执法的理论与实践研究 [D]. 成都：四川大学，2004.

[129] 王春业. 论柔性执法 [J]. 中共中央党校学报，2007（10）.

[130] 邓小兵，车乐. 自由裁量之"自由"：兼论规划许可的效能优化 [J]. 城市规划. 2010（5）.

[131] 周世迷. 中国行政管理学 [M]. 北京：中央党校出版社，1996.

[132] 姜明安. 行政法与行政诉讼法 [M]. 北京：北京大学出版社，1999.

[133] 吴良镛. 吴良镛城市规划研究论文集 [M]. 北京：清华大学出版社，1996.

[134] 中国城市规划学会. 五十年回眸——新中国的城市规划 [M]. 北京：商务印书馆，1999.

[135] 周天勇，等. 中国行政体制改革30年 [M]. 上海：格致出版社，2008.

[136] 周黎安. 转型中的地方政府：官员激励与治理 [M]. 上海：格致出版社，2008.

[137] 王鼎. 英国政府管理现代化：分权、民主与服务 [M]. 北京：中国经济出版社，2008.

[138] 陈振明. 政府再造 [M]. 北京：中国人民大学出版社，2005.

[139] 许文惠，张成福，孙柏瑛. 行政决策学 [M]. 北京：中国人民大学出版社，1997.

[140] 张萍. 城市规划法的价值取向 [M]. 北京：中国建筑工业出版社，2006.

[141] 新望. 改革30年：经济学文选 [M]. 上海：三联书店，2008.

[142] 李侃桢. 城市规划编制与实施管理整合研究 [M]. 北京：中国建筑工业出版社，2008.

[143] 王强. 政府管理创新读本 [M]. 北京：中国人民大学出版社，2006.

[144] 吴良镛. 面对城市规划"第三个春天"的冷静思考 [J]. 城市规划，2002（2）.

[145] 仇保兴. 从法治的原则看《城市规划法》的缺陷 [J]. 城市规划，2002（4）.

[146] 张庭伟. 构筑规划师的工作平台：规划理论研究的一个中心问题 [J]. 城市规划，2002（10）.

[147] 应松年. 中国走向行政法治探索 [M]. 北京：中国方正出版社，1998.

[148] 黄上国. 中国过渡时期制度非均衡研究 [D]. 长沙：湖南大学，2002.

[149] 边燕杰. 市场转型与社会分层：美国社会学者分析中国 [M]. 上海：三联书店，2002.

[150] 陈易. 中国城市政策初探 [D]. 南京：南京大学城市规划与设计专业，2002.

[151] 盛洪. 中国的过渡经济学 [M]. 上海：三联书店，1995.

[152] 孙立平. 博弈：断裂社会的利益冲突与和谐 [M]. 北京：社会科学文献出版社，2006.

[153] 包国宪，鲍静. 政府绩效评价与行政管理体制改革 [M]. 北京：中国社会科学出版社，2008.

[154] 王万华. 行政程序法研究 [D]. 北京：中国政法大学，1999.

[155] 李国强. 现代公共行政中的公民参与 [M]. 北京：经济管理出版社，2004.

[156] 孙健. 城市违法建设治理问题的对策分析：以潍坊市为例 [D]. 济南：山东师范大学，2008.

[157] 王才亮. 物权法和"违章建筑"的界定与处理 [M]. 北京：建筑工业出版社，2005.

[158] 任雪冰. 行政三分背景下的城市规划决策研究 [D]. 武汉：华中科技大学，2004.

[159] 张选. 国土资源行政管理效能评价体系研究 [D]. 长沙：中南大学，2009.

[160] 周亚越. 制度补正：提高中国行政效能的根本途径 [J]. 云南社会科学，2005（3）.

[161] 鲁克俭. 西方制度创新理论中的制度设计理论 [J]. 马克思主义与现实，2001（1）.

[162] 吴敬琏. 转轨中国 [M]. 成都：四川人民出版社，2002.

[163] 竺乾威. 公共行政学 [M]. 第二版. 上海：复旦大学出版社，2003.

[164] 刘岚. 制度设计与制度绩效：浅析我国教育督导制度 [D]. 上海：复旦大学，2009.

[165] 董铭伟. 以提高效率为导向的行政审批制度改革研究 [D]. 杭州：浙江大学，2006.

[166] 唐华. 美国城市管理：以凤凰城为例 [M]. 北京：中国人民大学出版社，2005.

[167] 施源，周丽亚. 现有制度框架下规划决策体制的渐进变革之路 [J]. 城市规划学刊，2005（1）.

[168] 叶冬青. 美国加州西米谷市规划管理决策过程及启示 [J]. 国外城市规划，2005（12）.

[169] 乔占军. 绩效管理：提升我国政府效能的路径选择 [D]. 开封：河南大学，2006.

[170] 耿为劼. 经济开发区管理委员会行政效能提升研究 [D]. 上海：上海交通大学，2008.

[171] B. 盖伊·彼得斯. 政府未来的治理模式 [M]. 吴爱民，等译. 北京：中国人民大学出版社，2001.

[172] 王世福，邹东. 对城市规划法律特征的几点认识 [J]. 规划师，2003（12）.

[173] 刘昌宙. 我国综合行政服务机构的产生、运行与完善 [D]. 北京：中国政法大学宪法学与行政法学专业，2007.

[174] 孙施文. 现行政府管理体制对城市规划作用的影响 [J]. 城市规划学刊，2007（5）.

[175] 刘丹，唐绍均. 论我国城市规划的审批决策以及城市规划委员会的重构 [J]. 社会科

学辑刊，2007（5）.

[176] 汤黎明，庞晓媚. 关于地方城市规划法规的思考［J］. 规划师，2005（9）.

[177] 赵民. 论城市规划的实施［J］. 城市规划汇刊，2000（4）.

[178] 闫芳. 转型期我国政府绩效管理的制度创新研究［D］. 郑州：郑州大学，2006.

[179] 王波. 制度设计何以可能：哈耶克和布坎南制度设计观的比较分析［D］. 长春：吉林大学，2008.

[180] 常慧芬. 绩效管理发展及制度设计研究［D］. 北京：华北电力大学，2006.

[181] 程遥. 综合行政执法主体的分析与建构［D］. 北京：中央民族大学，2009.

[182] 周江评，孙明洁. 城市规划和发展决策中的公众参与：西方有关文献及启示［J］. 国外城市规划，2005（4）.

[183] 盛洪. 现代制度经济学（上、下卷）［M］. 北京：北京大学出版社，2003.

[184] 赵民. 城市规划行政与法制建设问题的若干探讨［J］. 城市规划，2000（7）.

[185] 谭纵波. 从中央集权走向地方分权：日本城市规划事权的演变与启示［J］. 国际城市规划，2008（2）.

[186] 朱文烨. 谈我国城市规划管理体制改革［J］. 规划师，2003（5）.

[187] 傅小随. 政策执行专职化：政策制定与执行适度分开的改革路径［J］. 中国行政管理. 2008（2）.

[188] 孙施文，殷悦. 基于《城乡规划法》的公众参与制度［J］. 规划师，2008（5）.

[189] 高中岗，张兵. 中外城市规划管理体制对比分析报告. 建设部，1999.

[190] 孙晖，梁江. 美国城市规划体系研究. 建设部课题研究报告，2000.

[191] 孟晓晨. 澳大利亚的规划体制. 建设部课题研究报告，2000.

[192] 董辅仍. 集权与分权：中央与地方关系的构建［M］. 北京：经济科学出版社，1996.

[193] 陈晓勤. 行政决策权、执行权和监督权制约与协调研究综述［J］. 福建政法管理干部学院学报，2009（9）.

[194] 李忠民，汤哲铭. 国内外城市治理模式与我国实践性选择［J］. 长江论坛，2006（2）.

[195] 车乐，邓小兵. 城市规划管理实施管理交通分析与制度与对策［C］//规划创新：2010中国城市规划年会论文集. 北京：中国建筑工业出版社，2010.